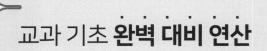
교과 기초 **완벽 대비** 연산

교과**셈**
교과
수학의
시작

3·2

초등

3학년 2학기

책을 내면서

연산은 교과 학습의 시작

효율적인 교과 학습을 위해서 반복 연습이 필요한 연산은 미리 연습되는 것이 좋습니다. 교과 수학을 공부할 때 새로운 개념과 생각하는 방법에 집중해야 높은 성취도를 얻을 수 있습니다. 새로운 내용을 배우면서 반복 연습이 필요한 내용은 학생들의 생각을 방해하거나 학습 속도를 늦추게 되어 집중해야 할 순간에 집중할 수 없는 상황이 되어 버립니다. 이 책은 교과 수학 공부를 대비하여 공부할 때 최고의 도움이 되도록 했습니다.

원리와 개념을 익히고 반복 연습

원리와 개념을 익히면서 연습을 하면 계산력뿐만 아니라 상황에 맞는 연산 방법을 선택할 수 있는 힘을 키울 수 있고, 교과 학습에서 연산과 관련된 원리 학습을 쉽게 이해할 수 있습니다. 숫자와 기호만 반복하는 경우에 수 연산 관련 문제가 요구하는 내용을 파악하지 못하여 계산은 할 줄 알지만 식을 세울 수 없는 경우들이 있습니다. 수학은 결과뿐 아니라 과정도 중요한 학문입니다.

사칙 연산을 넘어 반복이 필요한 전 영역 학습

사칙 연산이 연습이 제일 많이 필요하긴 하지만 도형의 공식도 연산이 필요하고, 대각선의 개수를 구할 때나 시간을 계산할 때도 연산이 필요합니다. 전통적인 연산은 아니지만 계산력을 키우기 위한 반복 연습이 필요합니다. 이 책은 학기별로 반복 연습이 필요한 전 영역을 공부하도록 하고, 어떤 식을 세워서 해결해야 하는지 이해하고 연습하도록 원리를 이해하는 과정을 다루고 있습니다.

다양한 접근 방법

수학의 풀이 방법이 한 가지가 아니듯 연산도 상황에 따라 더 합리적인 방법이 있습니다. 한 가지 방법만 반복하는 것은 수 감각을 키우는데 한계를 정해 놓고 공부하는 것과 같습니다. 반복 연습이 필요한 내용은 정확하고, 빠르게 해결하기 위한 감각을 키우는 학습입니다. 그럴수록 다양한 방법을 익히면서 공부해야 간결하고, 합리적인 방법으로 답을 찾아낼 수 있습니다.

올바른 연산 학습의 시작은 교과 학습의 완성도를 높여 줍니다. 교과셈을 통해서 효율적인 수학 공부를 할 수 있도록 하세요.

지은이 천종현

1. 교과셈 한 권으로 교과 전 영역 기초 완벽 준비!

사칙 연산을 포함하여 반복 연습이 필요한 교과 전 영역을 다룹니다.

2. 원리의 이해부터 실전 연습까지!

원리의 이해부터 실전 문제 풀이까지 쉽고 확실하게 학습할 수 있습니다.

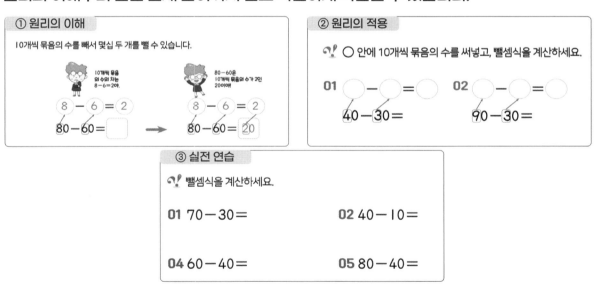

3. 다양한 연산 방법 연습!

다양한 연산 방법을 연습하면서 수를 다루는 감각도 키우고, 상황에 맞춘 더 정확하고 빠른 계산을 할 수 있도록 하였습니다.

뺄셈을 하더라도 두 가지 방법 모두 배우면 더 빠르고 정확하게 계산할 수 있어요!

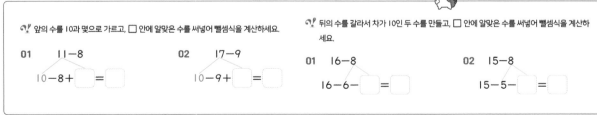

교과셈이 추천하는
학습 계획

한 권의 교재는 32개 강의로 구성
한 개의 강의는 두 개 주제로 구성
매일 한 강의씩, 또는 한 개 주제씩 공부해 주세요.

☑ **매일 한 개 강의씩 공부한다면 32일 완성 과정**
복습을 하거나, 빠르게 책을 끝내고 싶은 아이들에게 추천합니다.

☑ **매일 한 개 주제씩 공부한다면 64일 완성 과정**
하루 한 장 꾸준히 하고 싶은 아이들에게 추천합니다.

✿ 성취도 확인표, 이렇게 확인하세요!

속도보다는 정확도가 중요하고, 정확도보다는 꾸준한 학습이 중요합니다! 꾸준히 할 수 있도록 하루 학습량을 적절하게 설정하여 꾸준히, 그리고 더 정확하게 풀면서 마지막으로 학습 속도도 높여 주세요!

채점하고 정답률을 계산해 성취도 확인표에 표시해 주세요. 복습할 때 정답률이 낮은 부분 위주로 하시면 됩니다. 한 장에 10분을 목표로 진행합니다. 단, 풀이 속도보다는 정답률을 높이는 것을 목표로 하여 학습을 지도해 주세요!

연계 교과

단원	연계 교과 단원	학습 내용
Part 1 곱셈	3학년 2학기 · 1단원 곱셈	· (세 자리 수)×(한 자리 수) · 몇십 곱하기 · (두 자리 수)×(두 자리 수) POINT 가로셈의 형태로 각 자리 수에 대한 개념과 원리를 배우고, 세로셈 형태 위주로 연습합니다.
Part 2 나눗셈	3학년 2학기 · 2단원 나눗셈	· (몇십)÷(몇) · 나머지가 없는 (두 자리 수)÷(한 자리 수) · 나머지가 있는 (두 자리 수)÷(한 자리 수) · 나머지가 없는 (세 자리 수)÷(한 자리 수) · 나머지가 있는 (세 자리 수)÷(한 자리 수) POINT 나눗셈에서 몫과 나머지의 개념, 원리와 계산 방법을 정확하게 알고 연습하도록 그림과 함께 차근차근 알아보며 공부합니다.
Part 3 분수	3학년 2학기 · 4단원 분수	· 분수로 나타내기 · 분수를 보고 부분 구하기 · 분수를 보고 전체 구하기 · 여러 가지 분수 POINT 3학년 1학기에 똑같이 나누어진 그림에서 전체와 부분의 관계를 분수로 나타내는 방법을 배웠다면 3학년 2학기에서는 수의 관계를 분수로 나타내는 방법을 배웁니다. 학생들이 주로 어려워하는 부분인 수의 관계를 분수로 나타낼 때 모르는 수 구하기 연습에 초점을 맞추었습니다.
Part 4 들이와 무게	3학년 2학기 · 5단원 들이와 무게	· 들이와 무게의 단위 · 들이와 무게의 덧셈과 뺄셈 POINT 단위와 단위 사이의 관계를 정확히 알아야 받아올림/받아내림을 할 수 있고, 들이와 무게를 정확하게 계산할 수 있습니다.

자세히 보기

❀ 원리의 이해

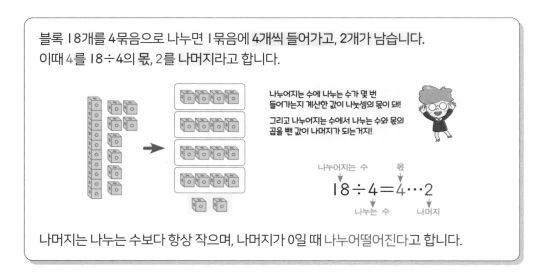

블록 18개를 4묶음으로 나누면 1묶음에 **4개씩 들어가고**, 2개가 남습니다.
이때 4를 18÷4의 **몫**, 2를 **나머지**라고 합니다.

나누어지는 수에 나누는 수가 몇 번 들어가는지 계산한 값이 나눗셈의 몫이 돼!

그리고 나누어지는 수에서 나누는 수와 몫의 곱을 뺀 값이 나머지가 되는거지!

나누어지는 수 · 몫
$$18 \div 4 = 4 \cdots 2$$
나누는 수 · 나머지

나머지는 나누는 수보다 항상 작으며, 나머지가 0일 때 **나누어떨어진다**고 합니다.

식뿐만 아니라 그림도 최대한 활용하여 개념과 원리를 쉽게 이해할 수 있도록 하였습니다. 또한
캐릭터의 설명으로 원리에서 핵심만 요약했습니다.

❀ 단계화된 연습

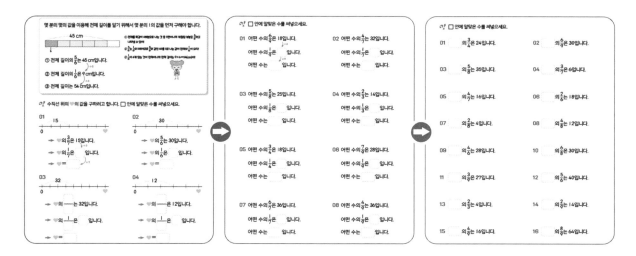

처음에는 원리에 따른 연산 방법을 따라서 연습하지만, 풀이 과정을 단계별로 단순화하고, 실전
연습까지 이어집니다.

❀ 다양한 연습

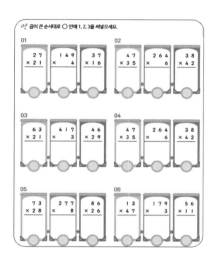
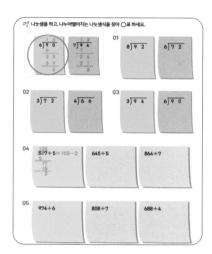

전형적인 형태의 연습 문제 위주로 집중 연습을 하지만 여러 형태의 문제도 다루면서 지루함을
최소화하도록 구성했습니다.

❀ 교과 확인

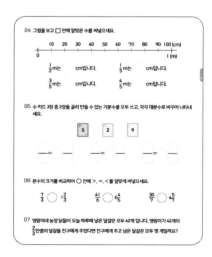

교과 유사 문제를 통해 성취도도 확인하고
교과 내용의 흐름도 파악합니다.

❀ 재미있는 퀴즈

학년별 수준에 맞춘 알쏭달쏭 퀴즈를
풀면서 주위를 환기하고 다음 단원,
다음 권을 준비합니다.

교과셈

전체 단계

1-1
Part 1	9까지의 수
Part 2	모으기, 가르기
Part 3	덧셈과 뺄셈
Part 4	받아올림과 받아내림의 기초

1-2
Part 1	100까지의 수
Part 2	두 자리 수 덧셈, 뺄셈의 기초
Part 3	(몇)+(몇)=(십몇)
Part 4	(십몇)-(몇)=(몇)

2-1
Part 1	두 자리 수의 덧셈
Part 2	두 자리 수의 뺄셈
Part 3	덧셈과 뺄셈의 관계
Part 4	곱셈

2-2
Part 1	곱셈구구
Part 2	곱셈식의 □ 구하기
Part 3	길이의 계산
Part 4	시각과 시간의 계산

3-1
Part 1	덧셈과 뺄셈
Part 2	나눗셈
Part 3	곱셈
Part 4	길이와 시간의 계산

3-2
Part 1	곱셈
Part 2	나눗셈
Part 3	분수
Part 4	들이와 무게

4-1
Part 1	각도
Part 2	곱셈
Part 3	나눗셈
Part 4	규칙이 있는 계산

4-2
Part 1	분수의 덧셈과 뺄셈
Part 2	소수의 덧셈과 뺄셈
Part 3	다각형의 변과 각
Part 4	가짓수 구하기와 다각형의 각

5-1
Part 1	자연수의 혼합 계산
Part 2	약수와 배수
Part 3	약분과 통분, 분수의 덧셈과 뺄셈
Part 4	다각형의 둘레와 넓이

5-2
Part 1	수의 범위와 어림하기
Part 2	분수의 곱셈
Part 3	소수의 곱셈
Part 4	평균 구하기

6-1
Part 1	분수의 나눗셈
Part 2	소수의 나눗셈
Part 3	비와 비율
Part 4	직육면체의 부피와 겉넓이

6-2
Part 1	분수의 나눗셈
Part 2	소수의 나눗셈
Part 3	비례식과 비례배분
Part 4	원주와 원의 넓이

곱셈

⚠️ 차시별로 정답률을 확인하고, 성취도에 ○표 하세요.

😊 80% 이상 맞혔어요.　　😐 60%~80% 맞혔어요.　　😟 60% 이하 맞혔어요.

차시	단원	성취도		
1	(세 자리 수)×(한 자리 수)	😊	😐	😟
2	(세 자리 수)×(한 자리 수) 세로셈	😊	😐	😟
3	(세 자리 수)×(한 자리 수) 연습	😊	😐	😟
4	(몇십)을 곱하기	😊	😐	😟
5	(몇)×(몇십몇)	😊	😐	😟
6	(두 자리 수)×(두 자리 수)	😊	😐	😟
7	(두 자리 수)×(두 자리 수) 세로셈	😊	😐	😟
8	(두 자리 수)×(두 자리 수) 세로셈 연습	😊	😐	😟
9	세로셈 종합 연습	😊	😐	😟
10	곱셈 연습	😊	😐	😟

큰 수의 곱셈은 각 자리별로 나누어 계산합니다.

01 (세 자리 수)×(한 자리 수)

A 수를 쪼개어 곱하고, 나온 수를 모두 더해요

(세 자리 수)×(한 자리 수)는 세 자리 수를 백의 자리, 십의 자리, 일의 자리로 쪼개고 곱하는 수와 각각 곱한 후 나온 결과를 모두 더하여 계산합니다.

(몇십몇)×(몇)과 계산하는 방법이 같으니 어렵지는 않지?

$$123 \times 3 = (100 \times 3) + (20 \times 3) + (3 \times 3)$$
$$= 300 + 60 + 9 = 369$$

□ 안에 알맞은 수를 써넣으세요.

01 $122 \times 4 = (\boxed{100} \times 4) + (\boxed{20} \times 4) + (\boxed{2} \times 4)$
$= \boxed{400} + \boxed{80} + \boxed{8} = \boxed{}$

02 $213 \times 3 = (\boxed{} \times 3) + (\boxed{} \times 3) + (\boxed{} \times 3)$
$= \boxed{} + \boxed{} + \boxed{} = \boxed{}$

03 $431 \times 2 = (\boxed{} \times 2) + (\boxed{} \times 2) + (\boxed{} \times 2)$
$= \boxed{} + \boxed{} + \boxed{} = \boxed{}$

04 $331 \times 3 = (\boxed{} \times 3) + (\boxed{} \times 3) + (\boxed{} \times 3)$
$= \boxed{} + \boxed{} + \boxed{} = \boxed{}$

🐰 계산하세요.

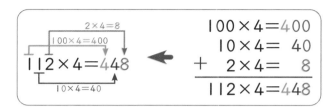

실수 없이 수를 각각의
자리에 맞게 쓸 수 있도록
계속해서 연습하자!

01 111×4＝

02 311×3＝

03 412×2＝

04 214×2＝

05 121×4＝

06 231×3＝

07 114×2＝

08 434×2＝

09 131×3＝

10 324×2＝

11 233×3＝

12 323×3＝

13 313×2＝

14 221×4＝

15 132×2＝

16 243×2＝

받아올림이 있어도 어렵지 않아요

받아올림이 있는 (세 자리 수)×(한 자리 수)도 받아올림이 없는 곱셈과 같이 수를 쪼개어 계산할 수 있습니다.

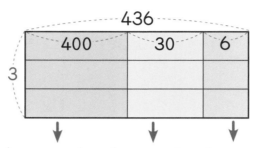

$$436 \times 3 = (400 \times 3) + (30 \times 3) + (6 \times 3)$$
$$= 1200 + 90 + 18 = 1308$$

🔎 □ 안에 알맞은 수를 써넣으세요.

01

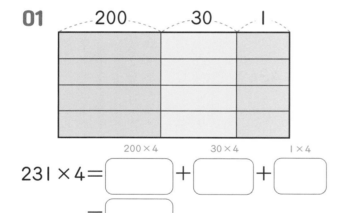

200×4 30×4 1×4

$231 \times 4 = \boxed{} + \boxed{} + \boxed{}$

$= \boxed{}$

02

$312 \times 4 = \boxed{} + \boxed{} + \boxed{}$

$= \boxed{}$

03

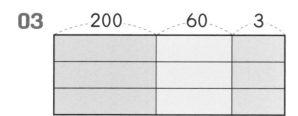

$263 \times 3 = \boxed{} + \boxed{} + \boxed{}$

$= \boxed{}$

04

$411 \times 3 = \boxed{} + \boxed{} + \boxed{}$

$= \boxed{}$

🎵 계산하세요.

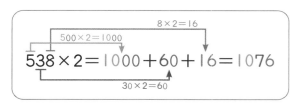

01 152×3=

02 324×3=

03 191×5=

04 132×4=

05 194×2=

06 327×2=

07 124×4=

08 624×2=

09 521×4=

10 242×4=

11 336×2=

12 161×3=

13 319×3=

14 513×2=

15 251×3=

자리에 맞춰 답을 적어요

일의 자리부터 십의 자리, 백의 자리 순서로 곱하는 수와 각각 곱합니다. 각 자리의 숫자와 곱하는 수의 곱이 10이 넘을 경우, 바로 윗자리로 받아올림하여 계산합니다.

세로셈으로 계산하면 덧셈을 여러 번 하지 않아도 되니까 더욱 빠르고 정확하게 풀 수 있겠다!

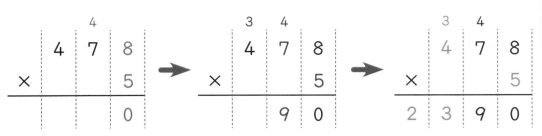

🎵 계산하세요.

천의 자리가 없으면 칸을 비워 두자!

01

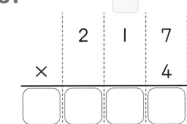

02

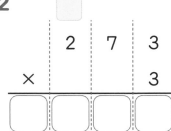

03

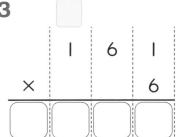

04

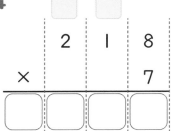

05

	3	6	1
×			9

06

	4	9	2
×			4

07

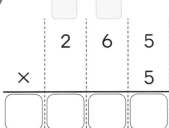

08

	4	4	8
×			3

09

	4	6	7
×			6

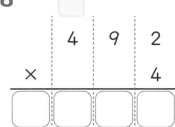

🐿️ 계산하세요.

01
```
      1   6   9
  ×           3
```

02
```
      3   3   2
  ×           4
```

03
```
      2   1   5
  ×           6
```

04
```
      3   8   4
  ×           3
```

05
```
      1   8   1
  ×           7
```

06
```
      2   4   4
  ×           5
```

07
```
      1   7   5
  ×           4
```

08
```
      2   1   9
  ×           8
```

09
```
      4   3   7
  ×           2
```

10
```
      2   4   6
  ×           6
```

11
```
      4   7   7
  ×           5
```

12
```
      6   3   2
  ×           7
```

02 B 받아올림한 수를 잊지 말고 더해요

🎵 계산하세요.

01
$$
\begin{array}{r}
2\ 0\ 6 \\
\times \quad\ 5 \\
\hline
\end{array}
$$

02
$$
\begin{array}{r}
3\ 8\ 1 \\
\times \quad\ 8 \\
\hline
\end{array}
$$

03
$$
\begin{array}{r}
2\ 8\ 5 \\
\times \quad\ 6 \\
\hline
\end{array}
$$

04
$$
\begin{array}{r}
4\ 7\ 9 \\
\times \quad\ 7 \\
\hline
\end{array}
$$

05
$$
\begin{array}{r}
4\ 8\ 4 \\
\times \quad\ 3 \\
\hline
\end{array}
$$

06
$$
\begin{array}{r}
3\ 4\ 2 \\
\times \quad\ 4 \\
\hline
\end{array}
$$

07
$$
\begin{array}{r}
1\ 7\ 1 \\
\times \quad\ 3 \\
\hline
\end{array}
$$

08
$$
\begin{array}{r}
3\ 7\ 6 \\
\times \quad\ 7 \\
\hline
\end{array}
$$

09
$$
\begin{array}{r}
2\ 7\ 3 \\
\times \quad\ 2 \\
\hline
\end{array}
$$

10
$$
\begin{array}{r}
3\ 7\ 8 \\
\times \quad\ 9 \\
\hline
\end{array}
$$

11
$$
\begin{array}{r}
4\ 2\ 8 \\
\times \quad\ 2 \\
\hline
\end{array}
$$

12
$$
\begin{array}{r}
2\ 1\ 5 \\
\times \quad\ 8 \\
\hline
\end{array}
$$

13
$$
\begin{array}{r}
3\ 9\ 2 \\
\times \quad\ 4 \\
\hline
\end{array}
$$

14
$$
\begin{array}{r}
1\ 5\ 4 \\
\times \quad\ 6 \\
\hline
\end{array}
$$

15
$$
\begin{array}{r}
2\ 2\ 1 \\
\times \quad\ 5 \\
\hline
\end{array}
$$

🎵 계산하세요.

01
```
    2 3 5
×       2
```

02
```
    1 8 7
×       5
```

03
```
    3 6 5
×       4
```

04
```
    1 4 1
×       6
```

05
```
    3 1 7
×       7
```

06
```
    4 6 9
×       9
```

07
```
    1 5 8
×       8
```

08
```
    3 4 8
×       2
```

09
```
    3 0 7
×       3
```

10
```
    3 8 1
×       3
```

11
```
    2 6 6
×       4
```

12
```
    1 5 2
×       8
```

13
```
    1 2 4
×       6
```

14
```
    4 7 6
×       5
```

15
```
    2 1 1
×       7
```

😊 계산하세요.

01

$$\overset{6\ 2}{593} \times 7 =$$

$$\begin{array}{r} \\ \times\ \ 7 \\ \hline \end{array}$$

02 $345 \times 6 =$

03 $134 \times 5 =$

04 $337 \times 3 =$

05 $196 \times 2 =$

06 $112 \times 6 =$

07 $324 \times 8 =$

08 $364 \times 3 =$

09 $349 \times 9 =$

10 $291 \times 4 =$

11 $447 \times 4 =$

12 $461 \times 9 =$

13 $483 \times 2 =$

14 $334 \times 7 =$

15 $141 \times 8 =$

16 $124 \times 5 =$

빈칸에 알맞은 수를 써넣으세요.

가로셈으로 계산할 때 세로셈처럼
받아올림한 수를 바로 윗 자리에
작게 적어 두면 실수를 줄일 수 있어~!

1 PART

01

×	²⁴258	374
5	1290	

02

×	481	273
2		

03

×	419	161
8		

04

×	353	242
4		

05

×	442	194
3		

06

×	334	255
9		

07

×	326	142
7		

08

×	111	289
6		

09

×	187	226
3		

10

×	329	414
4		

03ⓑ 받아올림이 여러 번 있는 곱셈을 주의해요

✍️ 계산하세요.

01 $216 \times 8 =$

02 $126 \times 7 =$

03 $426 \times 4 =$

04 $472 \times 3 =$

05 $229 \times 6 =$

06 $244 \times 4 =$

07 $281 \times 2 =$

08 $123 \times 9 =$

09 $134 \times 2 =$

10 $468 \times 5 =$

11 $159 \times 9 =$

12 $382 \times 3 =$

13 $318 \times 5 =$

14 $411 \times 8 =$

15 $325 \times 7 =$

16 $153 \times 6 =$

🎈 수직선 위의 눈금 한 칸의 길이는 모두 같습니다. □ 안에 알맞은 수를 써넣으세요.

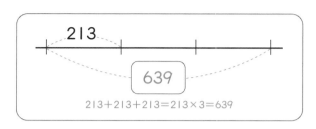

$$213 + 213 + 213 = 213 \times 3 = 639$$

01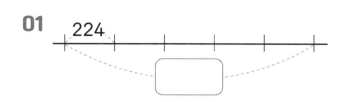

02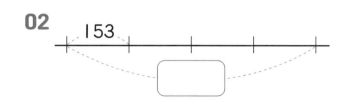

03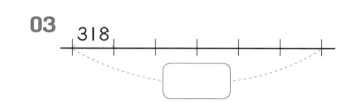

04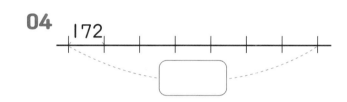

05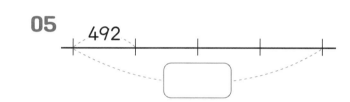

06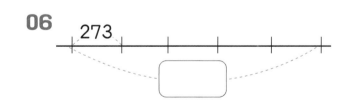

07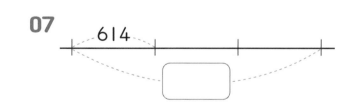

08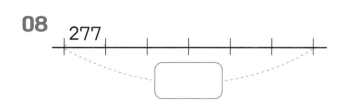

09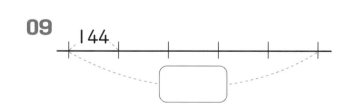

10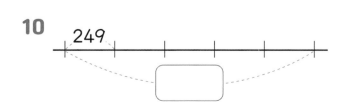

11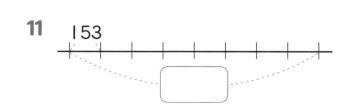

(몇십)×(몇십)은 (몇)×(몇)의 100배이므로 (몇)×(몇)을 계산한 값 뒤에 0을 두 개 붙인 것과 같습니다.

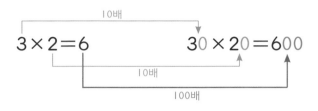

$$3 \times 2 = 6 \qquad 30 \times 20 = 600$$

□ 안에 알맞은 수를 써넣으세요.

10배를 두 번 하니 100배가 되네!

01 $5 \times 5 =$ ☐ →10배 $50 \times 5 =$ ☐ →10배 $50 \times 50 =$ ☐
100배

02 $3 \times 7 =$ ☐ → $30 \times 7 =$ ☐ → $30 \times 70 =$ ☐

03 $9 \times 4 =$ ☐ → $90 \times 4 =$ ☐ → $90 \times 40 =$ ☐

04 $4 \times 6 =$ ☐ → $40 \times 6 =$ ☐ → $40 \times 60 =$ ☐

05 $5 \times 3 =$ ☐ → $50 \times 3 =$ ☐ → $50 \times 30 =$ ☐

06 $7 \times 2 =$ ☐ → $70 \times 2 =$ ☐ → $70 \times 20 =$ ☐

07 $8 \times 7 =$ ☐ → $80 \times 7 =$ ☐ → $80 \times 70 =$ ☐

🎵 계산하세요.

$$60 \times 30 = 1800$$

01 $50 \times 70 =$

02 $70 \times 60 =$

03 $40 \times 20 =$

04 $80 \times 40 =$

05 $50 \times 60 =$

06 $30 \times 30 =$

07 $20 \times 70 =$

08 $90 \times 70 =$

09 $20 \times 80 =$

10 $70 \times 40 =$

11 $90 \times 90 =$

12 $60 \times 20 =$

13 $90 \times 30 =$

14 $40 \times 90 =$

15 $80 \times 80 =$

(몇십몇)×(몇십)은 (몇십몇)×(몇)의 10배이므로 (몇십몇)×(몇)을 계산한 값 뒤에 0을 한 개 붙인 것과 같습니다.

$17 \times 3 = 51$

$17 \times 30 = 17 \times 3 \times 10$
$= 51 \times 10$
$= 510$

30을 3×10으로도 표현할 수 있어!

🌱 □ 안에 알맞은 수를 써넣으세요.

01 $23 \times 4 =$ ⬜
$23 \times 40 =$ ⬜
10배

02 $18 \times 6 =$ ⬜
$18 \times 60 =$ ⬜

03 $49 \times 2 =$ ⬜
$49 \times 20 =$ ⬜

04 $32 \times 4 =$ ⬜
$32 \times 40 =$ ⬜

05 $16 \times 3 =$ ⬜
$16 \times 30 =$ ⬜

06 $58 \times 4 =$ ⬜
$58 \times 40 =$ ⬜

07 $49 \times 7 =$ ⬜
$49 \times 70 =$ ⬜

08 $38 \times 8 =$ ⬜
$38 \times 80 =$ ⬜

09 $15 \times 5 =$ ⬜
$15 \times 50 =$ ⬜

😊 계산하세요.

일의 자리에 0을 하나 적고,
(몇십몇)×(몇)의 세로셈과
같은 방법으로 계산하면 돼~!

```
      5 4
  ×   6 0
  3 2 4 0
```

01
```
      2 8
  ×   3 0
```

02
```
      6 5
  ×   4 0
```

03
```
      7 2
  ×   3 0
```

04
```
      6 8
  ×   5 0
```

05
```
      2 1
  ×   9 0
```

06
```
      4 8
  ×   2 0
```

07
```
      2 7
  ×   8 0
```

08
```
      4 2
  ×   5 0
```

09
```
      1 6
  ×   4 0
```

10
```
      3 9
  ×   7 0
```

11
```
      5 3
  ×   2 0
```

12
```
      1 3
  ×   7 0
```

13
```
      3 7
  ×   6 0
```

(몇)×(몇십몇)

몇십몇을 쪼개어 계산해요

(몇)×(몇십몇)은 몇십몇을 십의 자리와 일의 자리로 쪼개고, 곱해지는 수와 각각 곱한 후 나온 결과를 모두 더하여 계산합니다.

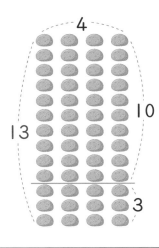

4개씩 13줄 놓여 있는 돌의 개수는
4개씩 10줄과 4개씩 3줄로 놓여 있는
돌의 개수의 합과 같다고 할 수 있지~

$$4 \times 13 = (4 \times 10) + (4 \times 3)$$
$$= 40 + 12 = 52$$

□ 안에 알맞은 수를 써넣으세요.

01

$6 \times 34 = (6 \times \boxed{30}) + (6 \times \boxed{4})$

$\qquad = \boxed{} + \boxed{} = \boxed{}$

02

$2 \times 73 = (2 \times \boxed{}) + (2 \times \boxed{})$

$\qquad = \boxed{} + \boxed{} = \boxed{}$

03

$3 \times 39 = (3 \times \boxed{}) + (3 \times \boxed{})$

$\qquad = \boxed{} + \boxed{} = \boxed{}$

04

$5 \times 26 = (5 \times \boxed{}) + (5 \times \boxed{})$

$\qquad = \boxed{} + \boxed{} = \boxed{}$

05

$7 \times 48 = (7 \times \boxed{}) + (7 \times \boxed{})$

$\qquad = \boxed{} + \boxed{} = \boxed{}$

06

$8 \times 52 = (8 \times \boxed{}) + (8 \times \boxed{})$

$\qquad = \boxed{} + \boxed{} = \boxed{}$

□ 안에 알맞은 수를 써넣으세요.

01
$6 \times 23 = \boxed{} + \boxed{} = \boxed{}$

02
$8 \times 36 = \boxed{} + \boxed{} = \boxed{}$

03
$7 \times 44 = \boxed{} + \boxed{} = \boxed{}$

04
$5 \times 76 = \boxed{} + \boxed{} = \boxed{}$

05
$3 \times 81 = \boxed{} + \boxed{} = \boxed{}$

06
$6 \times 13 = \boxed{} + \boxed{} = \boxed{}$

07
$2 \times 54 = \boxed{} + \boxed{} = \boxed{}$

08
$9 \times 44 = \boxed{} + \boxed{} = \boxed{}$

09
$5 \times 68 = \boxed{} + \boxed{} = \boxed{}$

10
$4 \times 27 = \boxed{} + \boxed{} = \boxed{}$

11
$4 \times 94 = \boxed{} + \boxed{} = \boxed{}$

12
$3 \times 43 = \boxed{} + \boxed{} = \boxed{}$

13
$8 \times 46 = \boxed{} + \boxed{} = \boxed{}$

14
$7 \times 45 = \boxed{} + \boxed{} = \boxed{}$

💡 다음과 같은 방법으로 계산하세요.

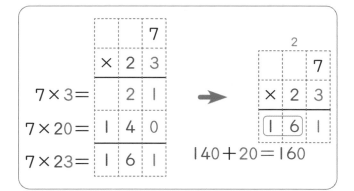

01

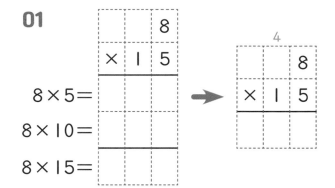

02

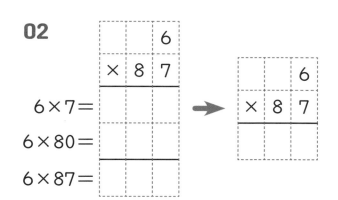

03

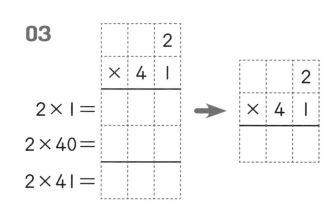

04

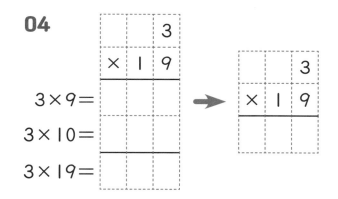

05

06

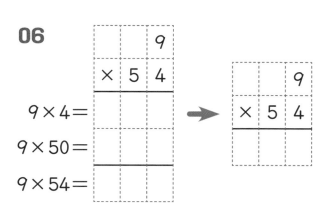

07

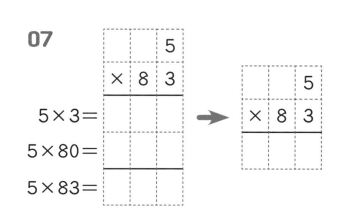

🐌 계산하세요.

01
$$\begin{array}{r} 5 \\ \times\ 4\ 2 \\ \hline \end{array}$$

02
$$\begin{array}{r} 3 \\ \times\ 3\ 5 \\ \hline \end{array}$$

03
$$\begin{array}{r} 6 \\ \times\ 5\ 6 \\ \hline \end{array}$$

04
$$\begin{array}{r} 7 \\ \times\ 2\ 6 \\ \hline \end{array}$$

05
$$\begin{array}{r} 8 \\ \times\ 3\ 2 \\ \hline \end{array}$$

06
$$\begin{array}{r} 4 \\ \times\ 2\ 3 \\ \hline \end{array}$$

07
$$\begin{array}{r} 7 \\ \times\ 7\ 2 \\ \hline \end{array}$$

08
$$\begin{array}{r} 9 \\ \times\ 2\ 3 \\ \hline \end{array}$$

09
$$\begin{array}{r} 3 \\ \times\ 4\ 7 \\ \hline \end{array}$$

10
$$\begin{array}{r} 4 \\ \times\ 7\ 1 \\ \hline \end{array}$$

11
$$\begin{array}{r} 2 \\ \times\ 3\ 8 \\ \hline \end{array}$$

12
$$\begin{array}{r} 9 \\ \times\ 5\ 8 \\ \hline \end{array}$$

13
$$\begin{array}{r} 8 \\ \times\ 5\ 7 \\ \hline \end{array}$$

14
$$\begin{array}{r} 5 \\ \times\ 9\ 3 \\ \hline \end{array}$$

15
$$\begin{array}{r} 6 \\ \times\ 3\ 3 \\ \hline \end{array}$$

(두 자리 수)×(두 자리 수)
수를 쪼개어 곱하고, 나온 수를 모두 더해요

(몇십몇)×(몇십몇)은 자리를 나누어 곱하고, 나온 결과를 모두 더하여 계산합니다.

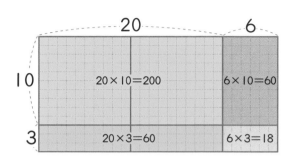

$$26 \times 13 = 200 + 60 + 60 + 18 = 338 \qquad 26 \times 13 = 260 + 78 = 338$$

🔍 ☐ 안에 알맞은 수를 써넣으세요.

01

×	10	9
40		
2		

$19 \times 42 = \boxed{} + \boxed{} + \boxed{} + \boxed{}$
　　　　　10×40　　9×40　　10×2　　9×2

$= \boxed{}$

02

×	20	8
10		
5		

$28 \times 15 = \boxed{} + \boxed{} + \boxed{} + \boxed{}$

$= \boxed{}$

03

×	10	6
20		
4		

$16 \times 24 = \boxed{} + \boxed{} + \boxed{} + \boxed{}$

$= \boxed{}$

04

×	20	1
40		
7		

$21 \times 47 = \boxed{} + \boxed{} + \boxed{} + \boxed{}$

$= \boxed{}$

🗝️ □ 안에 알맞은 수를 써넣으세요.

01

$31 \times 27 = (31 \times \boxed{}) + (31 \times \boxed{})$

$= \boxed{} + \boxed{} = \boxed{}$

02

$23 \times 23 = (23 \times \boxed{}) + (23 \times \boxed{})$

$= \boxed{} + \boxed{} = \boxed{}$

03

$42 \times 13 = (42 \times \boxed{}) + (42 \times \boxed{})$

$= \boxed{} + \boxed{} = \boxed{}$

04

$36 \times 11 = (36 \times \boxed{}) + (36 \times \boxed{})$

$= \boxed{} + \boxed{} = \boxed{}$

05

$34 \times 21 = (34 \times \boxed{}) + (34 \times \boxed{})$

$= \boxed{} + \boxed{} = \boxed{}$

06

$31 \times 32 = (31 \times \boxed{}) + (31 \times \boxed{})$

$= \boxed{} + \boxed{} = \boxed{}$

07

$53 \times 12 = (53 \times \boxed{}) + (53 \times \boxed{})$

$= \boxed{} + \boxed{} = \boxed{}$

08

$44 \times 12 = (44 \times \boxed{}) + (44 \times \boxed{})$

$= \boxed{} + \boxed{} = \boxed{}$

09

$44 \times 22 = (44 \times \boxed{}) + (44 \times \boxed{})$

$= \boxed{} + \boxed{} = \boxed{}$

10

$21 \times 45 = (21 \times \boxed{}) + (21 \times \boxed{})$

$= \boxed{} + \boxed{} = \boxed{}$

11

$41 \times 19 = (41 \times \boxed{}) + (41 \times \boxed{})$

$= \boxed{} + \boxed{} = \boxed{}$

12

$13 \times 31 = (13 \times \boxed{}) + (13 \times \boxed{})$

$= \boxed{} + \boxed{} = \boxed{}$

06 B 자리별 계산이 어려울 땐 세로셈을 이용해요

🐟 계산하세요.

01

37 × 64 =	
37 × 60 ――― 2220	37 × 4 ――― 148

02

29 × 73 =

03

38 × 53 =

04

49 × 46 =

05

37 × 35 =

06

43 × 29 =

07

36 × 25 =

08

28 × 43 =

09

22 × 88 =

10

57 × 36 =

11

48 × 52 =

12

99 × 38 =

😊 계산하세요.

01 $44 \times 36 =$

02 $59 \times 37 =$

03 $24 \times 18 =$

04 $24 \times 31 =$

05 $37 \times 11 =$

06 $32 \times 45 =$

07 $33 \times 35 =$

08 $38 \times 26 =$

09 $15 \times 41 =$

10 $49 \times 44 =$

11 $17 \times 72 =$

12 $65 \times 17 =$

13 $18 \times 13 =$

14 $42 \times 71 =$

07 Ⓐ 세로셈도 자리별로 곱해요

(몇십몇)×(몇), (몇십몇)×(몇십)을 차례로 계산한 후 두 곱을 더하여 계산합니다.

	2	4
×	1	4
	9	6

→

	2	4
×	1	4
	9	6
2	4	0

→

	2	4
×	1	4
	9	6
2	4	0
3	3	6

계산하세요.

01

	1	2
×	7	4

02

	3	8
×	2	1

03

	2	7
×	1	7

04

	2	8
×	3	4

05

	2	3
×	3	9

06

	4	6
×	1	9

07

	1	7
×	5	8

08

	2	3
×	2	6

1 PART

계산하세요.

01

```
    7 1
  ×  1 3
```

02

```
    3 4
  ×  2 3
```

03

```
    1 4
  ×  5 9
```

04

```
    1 5
  ×  3 5
```

05

```
    4 6
  ×  1 9
```

06

```
    3 7
  ×  2 7
```

07

```
    2 3
  ×  1 9
```

08

```
    3 6
  ×  2 1
```

09

```
    1 7
  ×  5 2
```

10

```
    2 8
  ×  2 8
```

11

```
    2 4
  ×  3 8
```

12

```
    3 2
  ×  1 9
```

13

```
    4 3
  ×  2 3
```

14

```
    3 7
  ×  2 1
```

15

```
    1 9
  ×  4 3
```

16

```
    2 5
  ×  3 3
```

천의 자리로 넘어가는 계산도 어렵지 않아요

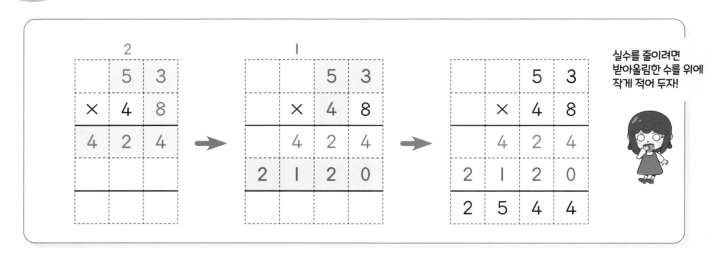

실수를 줄이려면
받아올림한 수를 위에
작게 적어 두자!

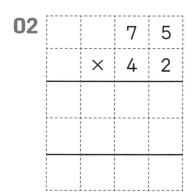 계산하세요.

01

```
      3  7
   ×  6  4
```

02

```
      7  5
   ×  4  2
```

03

```
      2  7
   ×  6  7
```

04

```
      3  6
   ×  5  3
```

05

```
      2  6
   ×  8  9
```

06

```
      4  9
   ×  7  7
```

07

```
      5  8
   ×  4  9
```

08

```
      3  1
   ×  9  5
```

09

```
      6  4
   ×  8  6
```

🐱 계산하세요.

01
```
    8 6
×   3 7
```

02
```
    3 7
×   6 2
```

03
```
    4 4
×   4 3
```

04
```
    2 8
×   5 2
```

05
```
    7 9
×   8 4
```

06
```
    2 1
×   5 7
```

07
```
    4 2
×   3 3
```

08
```
    3 5
×   9 8
```

09
```
    3 3
×   4 3
```

10
```
    4 3
×   7 2
```

11
```
    3 9
×   8 9
```

12
```
    4 7
×   4 4
```

13
```
    1 8
×   9 5
```

14
```
    4 1
×   7 3
```

15
```
    3 3
×   6 8
```

16
```
    3 3
×   8 5
```

(두 자리 수)×(두 자리 수) 세로셈 연습
Ⓐ 세로셈을 더 연습해요

🐣 계산하세요.

01
```
    2 3
  × 5 3
```

02
```
    9 4
  × 3 9
```

03
```
    2 8
  × 6 3
```

04
```
    6 1
  × 4 8
```

05
```
    2 5
  × 4 1
```

06
```
    5 2
  × 9 3
```

07
```
    2 6
  × 2 1
```

08
```
    6 5
  × 2 3
```

09
```
    9 2
  × 1 1
```

10
```
    3 1
  × 3 3
```

11
```
    2 8
  × 1 6
```

12
```
    4 5
  × 4 2
```

13
```
    3 2
  × 1 5
```

14
```
    8 7
  × 3 8
```

15
```
    3 9
  × 1 7
```

16
```
    3 2
  × 3 8
```

계산하세요.

01
```
    4 5
×   1 3
```

02
```
    3 7
×   7 9
```

03
```
    4 7
×   2 6
```

04
```
    9 7
×   4 3
```

05
```
    7 4
×   7 3
```

06
```
    6 1
×   5 7
```

07
```
    1 6
×   7 5
```

08
```
    3 9
×   2 2
```

09
```
    4 7
×   3 8
```

10
```
    3 5
×   9 3
```

11
```
    5 3
×   2 8
```

12
```
    4 1
×   1 7
```

13
```
    2 7
×   5 2
```

14
```
    3 4
×   8 6
```

15
```
    2 7
×   6 9
```

16
```
    5 4
×   3 9
```

🔍 계산하세요.

01

3 5	4 7
× 4 3	× 5 4

02

2 9	2 2
× 2 7	× 5 2

03

2 6	1 8
× 4 9	× 6 6

04

7 6	5 5
× 4 8	× 2 8

05

3 1	5 4
× 3 5	× 5 8

06

7 4	8 9
× 6 3	× 5 2

07

3 7	3 4
× 6 3	× 2 6

08

1 9	1 2
× 7 7	× 2 3

09

5 4	8 3
× 3 2	× 1 7

계산하세요.

01

$$\begin{array}{r} 4\ 2 \\ \times\ 3\ 2 \\ \hline \end{array}$$

02

$$\begin{array}{r} 5\ 3 \\ \times\ 4\ 1 \\ \hline \end{array}$$

03

$$\begin{array}{r} 4\ 7 \\ \times\ 4\ 2 \\ \hline \end{array}$$

04

$$\begin{array}{r} 3\ 9 \\ \times\ 5\ 9 \\ \hline \end{array}$$

05

$$\begin{array}{r} 4\ 9 \\ \times\ 8\ 2 \\ \hline \end{array}$$

06

$$\begin{array}{r} 9\ 4 \\ \times\ 5\ 8 \\ \hline \end{array}$$

07

$$\begin{array}{r} 1\ 2 \\ \times\ 7\ 2 \\ \hline \end{array}$$

08

$$\begin{array}{r} 4\ 6 \\ \times\ 5\ 1 \\ \hline \end{array}$$

09

$$\begin{array}{r} 5\ 5 \\ \times\ 1\ 4 \\ \hline \end{array}$$

10

$$\begin{array}{r} 2\ 6 \\ \times\ 3\ 9 \\ \hline \end{array}$$

11

$$\begin{array}{r} 4\ 2 \\ \times\ 9\ 1 \\ \hline \end{array}$$

12

$$\begin{array}{r} 5\ 4 \\ \times\ 7\ 2 \\ \hline \end{array}$$

계산하세요.

01
```
    3 6 5
×       4
```

02
```
    1 7 9
×       6
```

03
```
    4 6 1
×       8
```

04
```
    4 4 8
×       2
```

05
```
    4 5 7
×       7
```

06
```
    1 6 3
×       5
```

07
```
    4 0
×   3 0
```

08
```
    6 7
×   7 2
```

09
```
      8
×   3 4
```

10
```
    2 8
×   9 6
```

11
```
    9 4
×   4 0
```

12
```
      2
×   2 4
```

13
```
    4 7
×   1 9
```

14
```
      7
×   4 7
```

계산하세요.

01
$$\begin{array}{r} 3\ 5\ 4 \\ \times\quad\ 3 \\ \hline \end{array}$$

02
$$\begin{array}{r} 3\ 1\ 4 \\ \times\quad\ 6 \\ \hline \end{array}$$

03
$$\begin{array}{r} 1\ 4\ 3 \\ \times\quad\ 9 \\ \hline \end{array}$$

04
$$\begin{array}{r} 2\ 9\ 9 \\ \times\quad\ 7 \\ \hline \end{array}$$

05
$$\begin{array}{r} 2\ 7\ 1 \\ \times\quad\ 4 \\ \hline \end{array}$$

06
$$\begin{array}{r} 1\ 9\ 8 \\ \times\quad\ 5 \\ \hline \end{array}$$

07
$$\begin{array}{r} 7\ 0 \\ \times\ 4\ 0 \\ \hline \end{array}$$

08
$$\begin{array}{r} 4 \\ \times\ 9\ 4 \\ \hline \end{array}$$

09
$$\begin{array}{r} 3\ 8 \\ \times\ 5\ 2 \\ \hline \end{array}$$

10
$$\begin{array}{r} 9 \\ \times\ 7\ 1 \\ \hline \end{array}$$

11
$$\begin{array}{r} 6 \\ \times\ 4\ 4 \\ \hline \end{array}$$

12
$$\begin{array}{r} 2\ 6 \\ \times\ 7\ 8 \\ \hline \end{array}$$

13
$$\begin{array}{r} 8\ 4 \\ \times\ 5\ 0 \\ \hline \end{array}$$

14
$$\begin{array}{r} 4\ 5 \\ \times\ 5\ 5 \\ \hline \end{array}$$

09 Ⓑ 복잡한 가로셈은 세로셈으로 바꾸어 풀어요

빈칸에 두 수의 곱을 써넣으세요.

01 ─[2 1]─[3 6]─[　　] →

02 ─[4 7 6]─[2]─[　　] →

03 ─[5 6]─[4 1]─[　　] →

04 ─[7 9 2]─[5]─[　　] →

05 ─[8 4]─[4 7]─[　　] →

06 ─[3 2 9]─[4]─[　　] →

07 ─[7 2]─[3 3]─[　　] →

08 ─[1 0 4]─[6]─[　　] →

09 ─[6 3]─[5 2]─[　　] →

10 ─[4 4 7]─[7]─[　　] →

11 ─[2 4]─[4 1]─[　　] →

12 ─[2 8 6]─[3]─[　　] →

13 ─[7 3]─[6 9]─[　　] →

14 ─[1 4 9]─[8]─[　　] →

✍ 계산하세요.

01
```
    2 8
×   1 3
```

02
```
    4 9
×   2 4
```

03
```
    3 4
×   2 8
```

04
```
      7
×   4 4
```

05
```
  1 4 1
×     8
```

06
```
  3 1 8
×     3
```

07
```
  1 9 6
×     7
```

08
```
  2 8 5
×     5
```

09
```
    4 8
×   3 0
```

10
```
    3 8
×   5 3
```

11
```
      9
×   3 8
```

12
```
    4 9
×   3 3
```

13
```
  3 2 3
×     6
```

14
```
  3 0 4
×     8
```

15
```
  2 9 5
×     4
```

16
```
  4 6 8
×     7
```

🎈 시소는 곱이 더 큰 쪽으로 기울어집니다. 시소가 기울어지는 쪽에 ◯표 하세요.

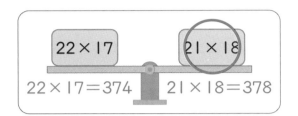

22×17   21×18
22×17=374   21×18=378

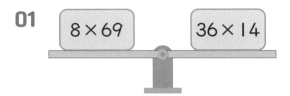

01   8×69   36×14

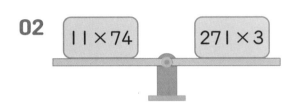

02   11×74   271×3

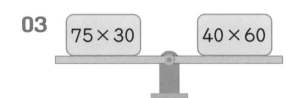

03   75×30   40×60

04   69×13   39×24

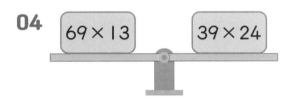

05   19×38   69×11

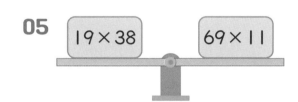

06   66×21   229×6

07   59×28   33×50

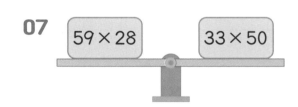

08   56×35   28×69

09   37×17   162×4

💡 곱이 큰 순서대로 ◯ 안에 1, 2, 3을 써넣으세요.

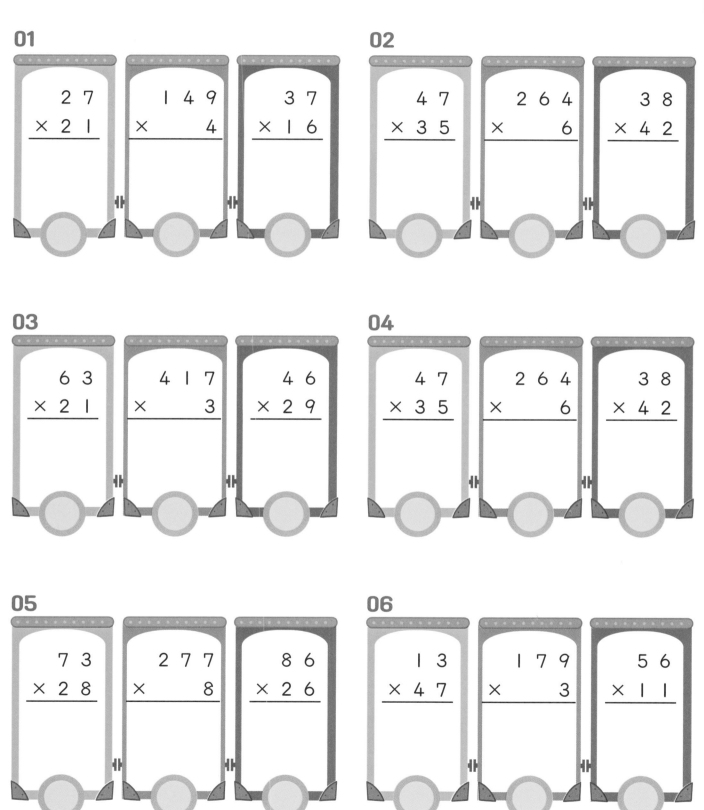

01

27
× 21

149
× 4

37
× 16

02

47
× 35

264
× 6

38
× 42

03

63
× 21

417
× 3

46
× 29

04

47
× 35

264
× 6

38
× 42

05

73
× 28

277
× 8

86
× 26

06

13
× 47

179
× 3

56
× 11

01 수 모형을 보고 곱셈식으로 계산하세요.

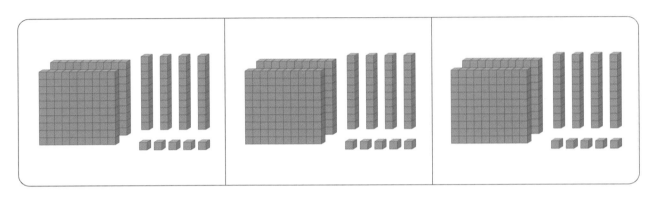

02 계산하세요.

$$\begin{array}{r} 1\ 9\ 2 \\ \times\quad\ \ 7 \\ \hline \end{array}$$

$$\begin{array}{r} 4 \\ \times\ 1\ 9 \\ \hline \end{array}$$

$$\begin{array}{r} 2\ 8 \\ \times\ 5\ 0 \\ \hline \end{array}$$

$$\begin{array}{r} 3\ 6 \\ \times\ 4\ 1 \\ \hline \end{array}$$

03 계산 결과의 크기를 비교하여 ○ 안에 >, =, <를 알맞게 써넣으세요.

$$26 \times 97 \bigcirc 80 \times 30$$

04 □ 안에 들어갈 수 있는 자연수는 모두 몇 개일까요?

$$9 \times 77 < 365 \times \square < 38 \times 40$$

답 : _____ 개

05 계산 결과가 1600보다 큰 곱셈식에 모두 ◯표 하세요.

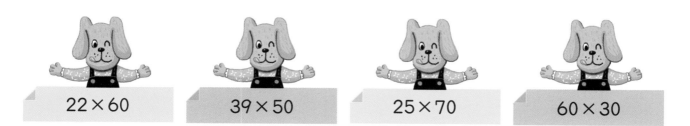

| 22 × 60 | 39 × 50 | 25 × 70 | 60 × 30 |

06 네 장의 수 카드를 한 번씩만 사용하여 곱이 가장 큰 (몇십몇)×(몇십몇)의 곱셈식을 만들었습니다. 가장 큰 곱은 얼마일까요?

| 7 | 2 | 4 | 9 |

답 : _____

07 한 상자에 28개씩 들어 있는 자두가 43상자 있습니다. 자두는 모두 몇 개일까요?

답 : _____ 개

08 효진이는 수학 문제를 하루에 30개씩 풀었습니다. 5주 동안 모두 몇 개의 문제를 풀었을까요?

답 : _____ 개

●와 ▲에 알맞은 숫자를 각각 구하세요.

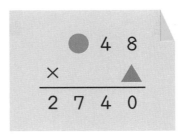

$$\begin{array}{r} ●\ 4\ 8 \\ \times \qquad ▲ \\ \hline 2\ 7\ 4\ 0 \end{array}$$

● : _____ , ▲ : _____

나눗셈

❗ 차시별로 정답률을 확인하고, 성취도에 ○표 하세요.

😊 80% 이상 맞혔어요.　　😐 60% ~ 80% 맞혔어요.　　😢 60% 이하 맞혔어요.

차시	단원	성취도		
11	(몇십)÷(몇)	😊	😐	😢
12	나머지가 없는 (몇십몇)÷(몇)	😊	😐	😢
13	나머지가 있는 (몇십몇)÷(몇)	😊	😐	😢
14	세로셈 연습 1	😊	😐	😢
15	나머지가 없는 (세 자리 수)÷(한 자리 수)	😊	😐	😢
16	나머지가 있는 (세 자리 수)÷(한 자리 수)	😊	😐	😢
17	세로셈 연습 2	😊	😐	😢
18	계산이 맞는지 확인하기	😊	😐	😢
19	나눗셈 연습	😊	😐	😢

나머지는 나누어 담고 남은 수를 의미합니다.

나누는 수가 같을 때, 나누어지는 수가 10배가 되면 그 몫도 10배가 되므로 (몇십)÷(몇)은 (몇)÷(몇)의 몫에 0을 붙인 것과 같습니다.

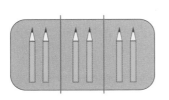

$6 \div 3 = 2$

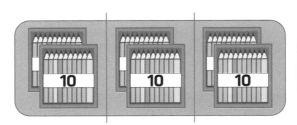

$60 \div 3 = 20$

6을 3묶음으로 나누면
2개씩 묶이는 것처럼
60을 3묶음으로 나누면
20개씩 묶이네!

❓ □ 안에 알맞은 수를 써넣으세요.

01

$8 \div 2 = \boxed{}$

$80 \div 2 = \boxed{}$

02

$5 \div 5 = \boxed{}$

$50 \div 5 = \boxed{}$

03

$9 \div 3 = \boxed{}$

$90 \div 3 = \boxed{}$

04

$4 \div 2 = \boxed{}$

$40 \div 2 = \boxed{}$

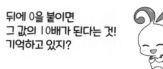

🔔 □ 안에 알맞은 수를 써넣으세요.

뒤에 0을 붙이면
그 값의 10배가 된다는 것!
기억하고 있지?

01 10배
4÷4=□   40÷4=□
10배

02 10배
6÷2=□   60÷2=□
10배

03 10배
8÷4=□   80÷4=□
10배

04 10배
9÷9=□   90÷9=□
10배

05 10배
4÷2=□   40÷2=□
10배

06 10배
2÷2=□   20÷2=□
10배

07 10배
6÷3=□   60÷3=□
10배

08 10배
8÷2=□   80÷2=□
10배

09 10배
3÷3=□   30÷3=□
10배

10 10배
6÷6=□   60÷6=□
10배

나무 막대 60개를 4상자에 똑같이 나누어 담으려면 한 상자에 10개 묶음을 1줄씩 담고,
남는 10개 묶음 2줄을 낱개로 5개씩 나누어 담습니다.

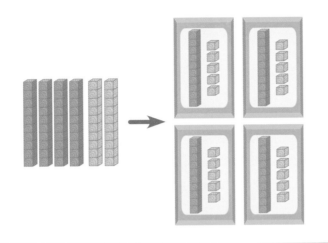

먼저 십의 자리인 6에 4가 몇 번
들어갈 수 있는지 계산하고,
남은 20을 다시 4로 나누어 나온 값을
더하면 되겠네!

$4 \times 10 = 40$ (O)
$4 \times 20 = 80$ (X)

$$60 \begin{cases} 40 \div 4 = 10 \\ 20 \div 4 = 5 \end{cases}$$

$$60 \div 4 = 15$$

□ 안에 알맞은 수를 써넣으세요.

01

$5 \times 10 = 50$ (O)
$5 \times 20 = 100$ (X)

$$90 \begin{cases} 50 \div 5 = \boxed{} \\ 40 \div 5 = \boxed{} \end{cases}$$

$$90 \div 5 = \boxed{}$$

02

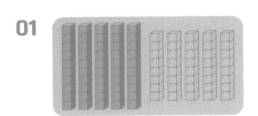

$$60 \begin{cases} 50 \div 5 = \boxed{} \\ 10 \div 5 = \boxed{} \end{cases}$$

$$60 \div 5 = \boxed{}$$

03

$$90 \begin{cases} 60 \div 6 = \boxed{} \\ 30 \div 6 = \boxed{} \end{cases}$$

$$90 \div 6 = \boxed{}$$

□ 안에 알맞은 수를 써넣으세요.

01
30 $\left[\begin{array}{l} 20 \div 2 = \boxed{} \\ 10 \div 2 = \boxed{} \end{array}\right.$

30 $\div$ 2 = $\boxed{}$

02
60 $\left[\begin{array}{l} 40 \div 4 = \boxed{} \\ 20 \div 4 = \boxed{} \end{array}\right.$

60 $\div$ 4 = $\boxed{}$

03
90 $\left[\begin{array}{l} 80 \div 2 = \boxed{} \\ \boxed{} \div 2 = \boxed{} \end{array}\right.$

90 $\div$ 2 = $\boxed{}$

04
70 $\left[\begin{array}{l} 50 \div 5 = \boxed{} \\ \boxed{} \div 5 = \boxed{} \end{array}\right.$

70 $\div$ 5 = $\boxed{}$

05
80 $\left[\begin{array}{l} 50 \div 5 = \boxed{} \\ \boxed{} \div 5 = \boxed{} \end{array}\right.$

80 $\div$ 5 = $\boxed{}$

06
90 $\left[\begin{array}{l} 60 \div 6 = \boxed{} \\ \boxed{} \div 6 = \boxed{} \end{array}\right.$

90 $\div$ 6 = $\boxed{}$

07
70 $\left[\begin{array}{l} 60 \div 2 = \boxed{} \\ \boxed{} \div 2 = \boxed{} \end{array}\right.$

70 $\div$ 2 = $\boxed{}$

08
50 $\left[\begin{array}{l} 40 \div 2 = \boxed{} \\ \boxed{} \div 2 = \boxed{} \end{array}\right.$

50 $\div$ 2 = $\boxed{}$

09
60 $\left[\begin{array}{l} 50 \div 5 = \boxed{} \\ \boxed{} \div 5 = \boxed{} \end{array}\right.$

60 $\div$ 5 = $\boxed{}$

10
90 $\left[\begin{array}{l} 50 \div 5 = \boxed{} \\ \boxed{} \div 5 = \boxed{} \end{array}\right.$

90 $\div$ 5 = $\boxed{}$

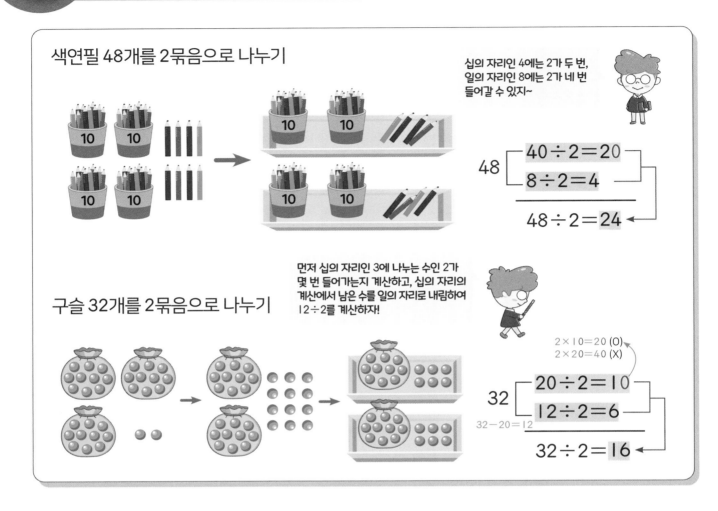

색연필 48개를 2묶음으로 나누기

십의 자리인 4에는 2가 두 번,
일의 자리인 8에는 2가 네 번
들어갈 수 있지~

$$48 \begin{cases} 40 \div 2 = 20 \\ 8 \div 2 = 4 \end{cases}$$

$$48 \div 2 = 24$$

구슬 32개를 2묶음으로 나누기

먼저 십의 자리인 3에 나누는 수인 2가
몇 번 들어가는지 계산하고, 십의 자리의
계산에서 남은 수를 일의 자리로 내림하여
12÷2를 계산하자!

$2 \times 10 = 20$ (O)
$2 \times 20 = 40$ (X)

$$32 \begin{cases} 20 \div 2 = 10 \\ 12 \div 2 = 6 \end{cases}$$

$32 - 20 = 12$

$$32 \div 2 = 16$$

□ 안에 알맞은 수를 써넣으세요.

01

$$55 \begin{cases} 50 \div 5 = \boxed{} \\ 5 \div 5 = \boxed{} \end{cases}$$

$$55 \div 5 = \boxed{}$$

02

$$36 \begin{cases} 30 \div 3 = \boxed{} \\ 6 \div 3 = \boxed{} \end{cases}$$

$$36 \div 3 = \boxed{}$$

03

$$66 \begin{cases} 60 \div 2 = \boxed{} \\ 6 \div 2 = \boxed{} \end{cases}$$

$$66 \div 2 = \boxed{}$$

04

$$65 \begin{cases} 50 \div 5 = \boxed{} \\ 15 \div 5 = \boxed{} \end{cases}$$

$$65 \div 5 = \boxed{}$$

05

$$42 \begin{cases} 30 \div 3 = \boxed{} \\ \boxed{} \div 3 = \boxed{} \end{cases}$$

$$42 \div 3 = \boxed{}$$

06

$$72 \begin{cases} 60 \div 3 = \boxed{} \\ \boxed{} \div 3 = \boxed{} \end{cases}$$

$$72 \div 3 = \boxed{}$$

😊 계산하세요.

계산이 어려울 땐, 십의 자리 위에
나누는 수가 몇 번 들어가는지
작게 써놓는 것도 좋은 방법이야~!

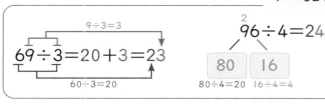

01 $44 \div 4 =$

02 $48 \div 2 =$　　**03** $63 \div 3 =$　　**04** $84 \div 4 =$

05 $86 \div 2 =$　　**06** $62 \div 2 =$　　**07** $36 \div 3 =$

08 $54 \div 2 =$　　**09** $65 \div 5 =$　　**10** $84 \div 6 =$

11 $98 \div 7 =$　　**12** $78 \div 3 =$　　**13** $96 \div 8 =$

14 $52 \div 4 =$　　**15** $84 \div 7 =$　　**16** $72 \div 6 =$

12 B 세로셈으로 계산하는 방법을 배워요

① 십의 자리인 7에는 3이 2번 들어가므로 몫의 십의 자리에 2를 쓰고, 나누어지는 수 아래에 3과 20의 곱인 60을 씁니다. (이때, 일의 자리 0은 쓰지 않아도 됩니다.)

② 십의 자리에서 남은 1과 일의 자리의 8을 그대로 내려 씁니다.

③ 18에는 3이 6번 들어가므로 몫의 일의 자리에 6을 씁니다.

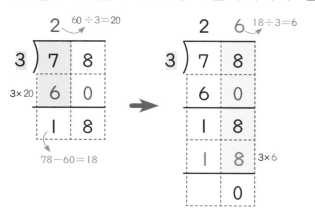

가로셈과 비교해 볼까?

🖐 계산하세요.

01

$3 \overline{\smash{)}6\,3}$

02

$5 \overline{\smash{)}8\,5}$

03

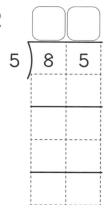
$6 \overline{\smash{)}7\,2}$

04

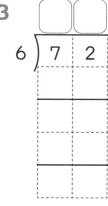
$2 \overline{\smash{)}5\,8}$

05

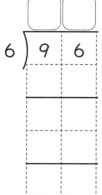
$6 \overline{\smash{)}9\,6}$

06

$4 \overline{\smash{)}7\,2}$

07

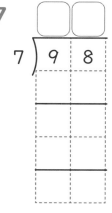
$7 \overline{\smash{)}9\,8}$

08

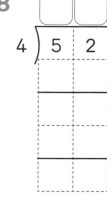
$4 \overline{\smash{)}5\,2}$

😊 계산하세요.

01

$$2\overline{)72}$$

02

$$3\overline{)69}$$

03

$$6\overline{)90}$$

04

$$7\overline{)77}$$

05

$$5\overline{)65}$$

06

$$3\overline{)42}$$

07

$$4\overline{)64}$$

08

$$3\overline{)57}$$

09

$$8\overline{)96}$$

10

$$4\overline{)84}$$

11

$$2\overline{)48}$$

12

$$6\overline{)78}$$

블록 18개를 4묶음으로 나누면 1묶음에 **4개씩 들어가고**, 2개가 남습니다.
이때 4를 18÷4의 **몫**, 2를 나머지라고 합니다.

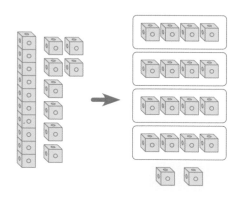

나누어지는 수에 나누는 수가 몇 번
들어가는지 계산한 값이 나눗셈의 몫이 돼!

그리고 나누어지는 수에서 나누는 수와 몫의
곱을 뺀 값이 나머지가 되는 거지!

나누어지는 수   몫

$$18 \div 4 = 4 \cdots 2$$

나누는 수   나머지

나머지는 나누는 수보다 항상 작으며, 나머지가 0일 때 나누어떨어진다고 합니다.

앗!! 혹시 나머지가 나누는 수보다 크게
나왔다면 다시 한번 풀어 보자~!

몫을 1씩 더 늘리면서 확인하면 돼~

▢ 안에 알맞은 수를 써넣으세요.

01 $39 \div 9 = \boxed{4} \cdots \boxed{}$

$\times$ 36

39 − 36

02 $50 \div 6 = \boxed{} \cdots \boxed{}$

03 $33 \div 4 = \boxed{} \cdots \boxed{}$

04 $18 \div 8 = \boxed{} \cdots \boxed{}$

05 $29 \div 7 = \boxed{} \cdots \boxed{}$

06 $38 \div 5 = \boxed{} \cdots \boxed{}$

07 $14 \div 3 = \boxed{} \cdots \boxed{}$

08 $74 \div 9 = \boxed{} \cdots \boxed{}$

😮 계산하세요.

4×11=44, 4×12=48이니까
46에는 4가 11번 들어가겠네!

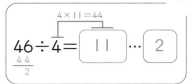

$$46 \div 4 = \boxed{11} \cdots \boxed{2}$$

01 $92 \div 9 = \boxed{} \cdots \boxed{}$

02 $50 \div 3 = \boxed{} \cdots \boxed{}$

03 $88 \div 7 = \boxed{} \cdots \boxed{}$

04 $71 \div 6 = \boxed{} \cdots \boxed{}$

05 $51 \div 2 = \boxed{} \cdots \boxed{}$

06 $73 \div 5 = \boxed{} \cdots \boxed{}$

07 $73 \div 3 = \boxed{} \cdots \boxed{}$

08 $89 \div 8 = \boxed{} \cdots \boxed{}$

09 $58 \div 4 = \boxed{} \cdots \boxed{}$

10 $33 \div 2 = \boxed{} \cdots \boxed{}$

11 $91 \div 8 = \boxed{} \cdots \boxed{}$

12 $85 \div 7 = \boxed{} \cdots \boxed{}$

13 $63 \div 4 = \boxed{} \cdots \boxed{}$

14 $87 \div 5 = \boxed{} \cdots \boxed{}$

15 $74 \div 6 = \boxed{} \cdots \boxed{}$

97을 2로 나누면 몫은 48이고, 1이 남습니다. 1은 97÷2의 나머지입니다.

$$97 \div 2 = 48 \cdots 1$$

몫   나머지

🎵 계산하세요.

01

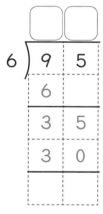

02

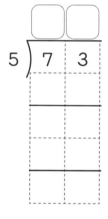

03

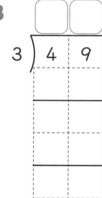

04

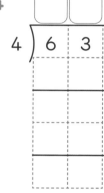

05

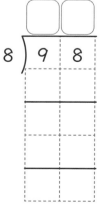

06

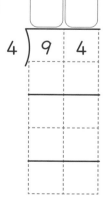

07

08

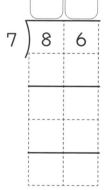

✌ 계산하세요.

01

$2 \overline{\smash{)}\, 3 \ 9}$

02

$8 \overline{\smash{)}\, 9 \ 2}$

03

$3 \overline{\smash{)}\, 5 \ 5}$

04

$6 \overline{\smash{)}\, 9 \ 1}$

05

$4 \overline{\smash{)}\, 9 \ 0}$

06

$3 \overline{\smash{)}\, 7 \ 4}$

07

$4 \overline{\smash{)}\, 6 \ 3}$

08

$5 \overline{\smash{)}\, 6 \ 6}$

09

$6 \overline{\smash{)}\, 8 \ 3}$

10

$3 \overline{\smash{)}\, 4 \ 7}$

11

$2 \overline{\smash{)}\, 5 \ 1}$

12

$6 \overline{\smash{)}\, 8 \ 7}$

13

$5 \overline{\smash{)}\, 8 \ 2}$

14

$2 \overline{\smash{)}\, 9 \ 5}$

15

$4 \overline{\smash{)}\, 7 \ 5}$

16

$7 \overline{\smash{)}\, 9 \ 3}$

14 Ⓐ 세로셈 연습을 해 볼까요?

나눗셈을 계산하고 나누는 수와 몫, 나머지를 쓰세요.

나머지가 나누는 수보다
작은지 확인하자!

01

$6\,)\overline{9\ 3}$

나누는 수 : ____

몫 : _____ , 나머지 : ____

02

$3\,)\overline{8\ 5}$

나누는 수 : ____

몫 : _____ , 나머지 : ____

03

$2\,)\overline{5\ 2}$

나누는 수 : ____

몫 : _____ , 나머지 : ____

04

$7\,)\overline{8\ 0}$

나누는 수 : ____

몫 : _____ , 나머지 : ____

05

$2\,)\overline{6\ 3}$

나누는 수 : ____

몫 : _____ , 나머지 : ____

06

$4\,)\overline{5\ 8}$

나누는 수 : ____

몫 : _____ , 나머지 : ____

07

$3\,)\overline{5\ 2}$

나누는 수 : ____

몫 : _____ , 나머지 : ____

08

$4\,)\overline{7\ 2}$

나누는 수 : ____

몫 : _____ , 나머지 : ____

09

$7\,)\overline{9\ 7}$

나누는 수 : ____

몫 : _____ , 나머지 : ____

나누어떨어지면
몫만 쓰면 돼!

🐰 계산하세요.

2
PART

01
6) 7 6

02
2) 4 7

03
4) 7 1

04
5) 6 1

05
3) 7 4

06
5) 7 3

07
4) 6 4

08
3) 5 9

09
8) 9 7

10
3) 5 7

11
4) 4 9

12
7) 8 2

13
2) 5 5

14
6) 7 0

15
5) 6 6

16
4) 5 8

🔔 빈칸에 나눗셈의 몫과 나머지를 쓰세요.

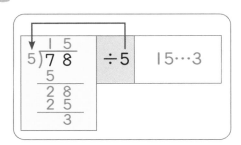

$\begin{array}{r} 15 \\ 5\overline{)78} \\ 5 \\ \hline 28 \\ 25 \\ \hline 3 \end{array}$ ÷5 15…3

01 9 1 ÷8

02 7 0 ÷4

03 7 9 ÷6

04 6 8 ÷5

05 9 3 ÷7

06 5 9 ÷3

07 8 2 ÷5

08 8 5 ÷4

09 3 7 ÷2

😋 계산하세요.

01
4) 4 9

02
2) 7 4

03
5) 8 9

04
6) 8 4

05
7) 8 2

06
4) 6 5

07
8) 9 6

08
2) 4 3

09
7) 9 7

10
3) 8 0

11
4) 6 8

12
5) 5 9

13
3) 7 8

14
5) 6 1

15
6) 7 5

16
4) 5 5

내림이 없는 나눗셈은 백의 자리, 십의 자리, 일의 자리 순서로 가로셈 계산을 합니다.

$$846 \div 2 = 423$$

내림이 있거나 복잡한 나눗셈은 세로셈 계산이 더 빠르고 정확합니다.

```
          2  5  7
      ┌──────────
   3  )  7  7  1
3×200    6  0  0
      ──────────
         1  7
3×50     1  5  0
      ──────────
            2  1
3×7         2  1
      ──────────
               0
```

① 7에 3이 2번 들어가므로 몫의 백의 자리 = 2

② 몫의 백의 자리 계산 후, 남은 17에 3이 5번 들어가므로 몫의 십의 자리 = 5

③ 몫의 십의 자리 계산 후, 남은 21에 3이 7번 들어가므로 몫의 일의 자리 = 7

✏️ 계산하세요.

01 $336 \div 3 =$

02 $482 \div 2 =$

03 $804 \div 4 =$

04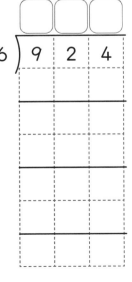

05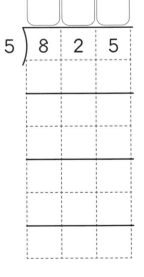

06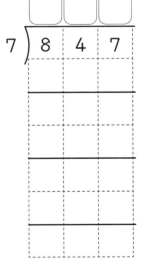

🔢 계산하세요.

01 800÷8=

02 936÷3=

03 306÷3=

04 466÷2=

05 660÷6=

06 484÷4=

07
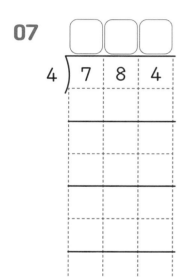
4) 7 8 4

08
3) 5 3 7

09
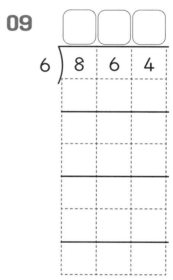
6) 8 6 4

10
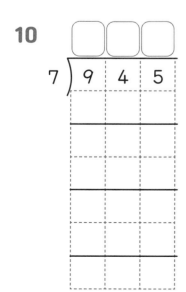
7) 9 4 5

11
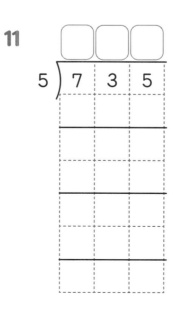
5) 7 3 5

12
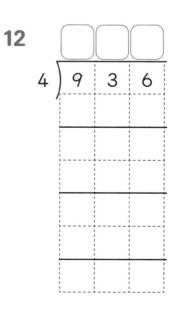
4) 9 3 6

15 Ⓑ 몫에 0이 있는 나눗셈을 계산해요

몫의 백의 자리가 0이 되는 경우

465÷5의 몫을 쓸 때는 백의 자리인
0은 쓰지 않고 93이라고 나타내!

```
        0  9  3
    5 ) 4  6  5
5×90    4  5  0
           1  5
5×3        1  5
              0
```

① 4에 5가 들어갈 수 없으므로 몫의 백의 자리=0

② 46에 5가 9번 들어가므로 몫의 십의 자리=9

③ 몫의 십의 자리 계산 후, 남은 15에 5가 3번 들어가므로
몫의 일의 자리=3

몫의 십의 자리가 0이 되는 경우

여기서 몫의 십의 자리의 0은 꼭 써줘야 돼!

```
        2  0  7
    4 ) 8  2  8
4×200   8  0  0
           2  8
4×7        2  8
              0
```

① 8에 4가 2번 들어가므로 몫의 백의 자리=2

② 몫의 백의 자리 계산 후, 남은 2에 4가 들어갈 수 없으므로
몫의 십의 자리=0

③ 28에 4가 7번 들어가므로 몫의 일의 자리=7

🖐 계산하세요.

01

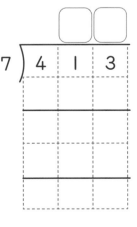

```
7 ) 4  1  3
```

02

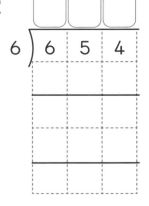

```
6 ) 6  5  4
```

03

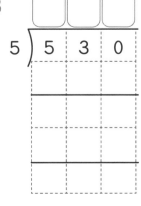

```
5 ) 5  3  0
```

몫의 십의 자리를 구하고 남은 수에
더 이상 나누는 수가 들어갈 수 없다면
몫의 일의 자리에 0을 써주자!

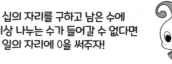

🔔 계산하세요.

01

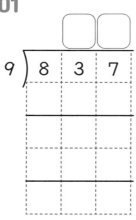

$9) 8 \ 3 \ 7$

02

$5) 5 \ 2 \ 5$

03

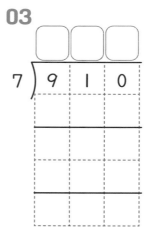

$7) 9 \ 1 \ 0$

04

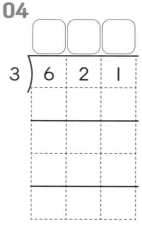

$3) 6 \ 2 \ 1$

05

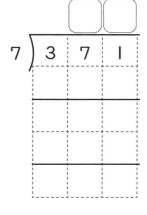

$7) 3 \ 7 \ 1$

06

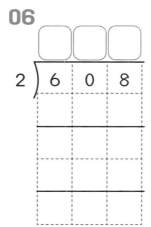

$2) 6 \ 0 \ 8$

07

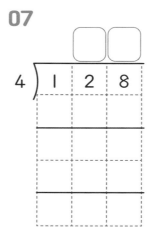

$4) 1 \ 2 \ 8$

08

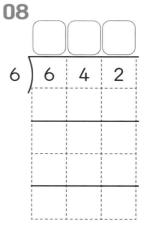

$6) 6 \ 4 \ 2$

09

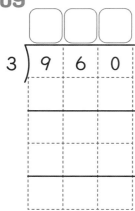

$3) 9 \ 6 \ 0$

10

$4) 8 \ 1 \ 2$

11

$8) 6 \ 2 \ 4$

12

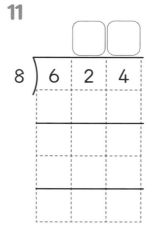

$6) 4 \ 7 \ 4$

나머지가 있어도 같은 방법으로 계산해요

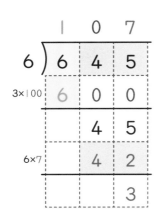

① 6에 6이 1번 들어가므로 몫의 백의 자리＝1

② 몫의 백의 자리 계산 후, 남은 4에 6이 들어갈 수 없으므로 몫의 십의 자리＝0

③ 45에 6이 7번 들어가므로 몫의 일의 자리＝7

④ 몫의 일의 자리 계산 후, 3이 남았으므로 나머지＝3

💡 계산하세요.

01

$4) \overline{6\ 4\ 7}$

02

$6) \overline{9\ 2\ 6}$

03

$3) \overline{3\ 8\ 2}$

04

$5) \overline{6\ 7\ 9}$

05

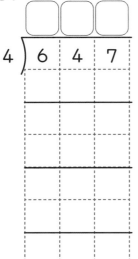

$9) \overline{7\ 3\ 6}$

06

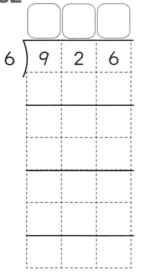

$4) \overline{4\ 2\ 5}$

07

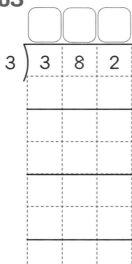

$3) \overline{6\ 1\ 6}$

08

$5) \overline{1\ 4\ 7}$

😮 계산하세요.

01

$3) \overline{5 \quad 9 \quad 6}$

02

$4) \overline{5 \quad 1 \quad 7}$

03

$7) \overline{9 \quad 7 \quad 6}$

04
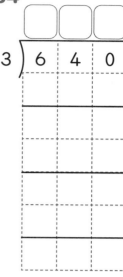

$3) \overline{6 \quad 4 \quad 0}$

05
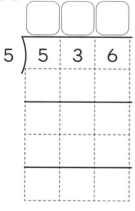

$5) \overline{5 \quad 3 \quad 6}$

06
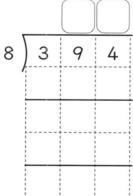

$8) \overline{3 \quad 9 \quad 4}$

07
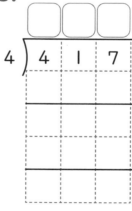

$4) \overline{4 \quad 1 \quad 7}$

08
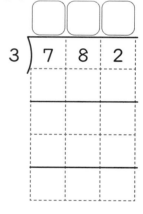

$3) \overline{7 \quad 8 \quad 2}$

09
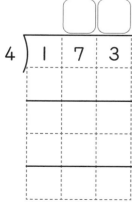

$4) \overline{1 \quad 7 \quad 3}$

10
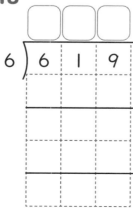

$6) \overline{6 \quad 1 \quad 9}$

11
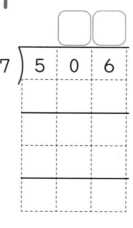

$7) \overline{5 \quad 0 \quad 6}$

12
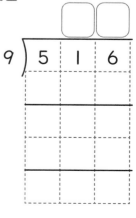

$9) \overline{5 \quad 1 \quad 6}$

16 Ⓑ 자리에 맞추어 계산하기를 연습해요

다음과 같이 계산하세요.

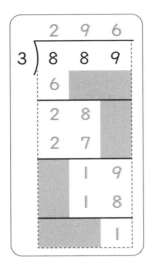

01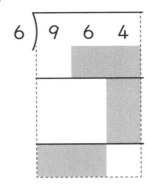

02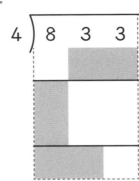

03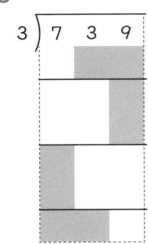

04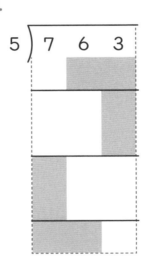

05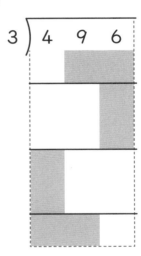

06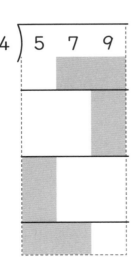

07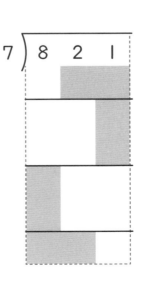

08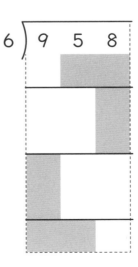

🐣 계산하세요.

01

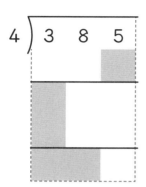

$$4\,)\,\overline{3\;8\;5}$$

02

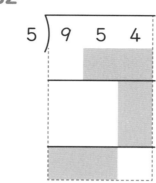

$$5\,)\,\overline{9\;5\;4}$$

03

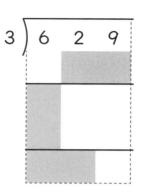

$$3\,)\,\overline{6\;2\;9}$$

04

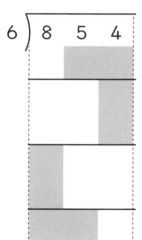

$$6\,)\,\overline{8\;5\;4}$$

05

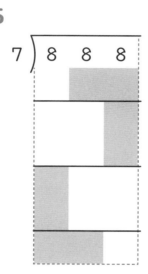

$$7\,)\,\overline{8\;8\;8}$$

06

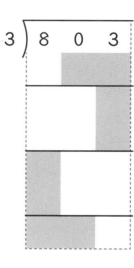

$$3\,)\,\overline{8\;0\;3}$$

07

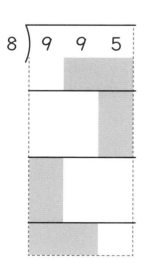

$$8\,)\,\overline{9\;9\;5}$$

08

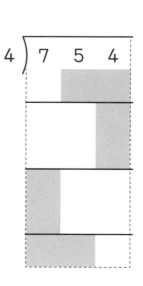

$$4\,)\,\overline{7\;5\;4}$$

09

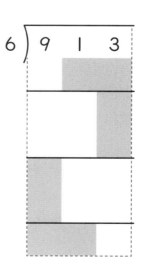

$$6\,)\,\overline{9\;1\;3}$$

17 Ⓐ 나머지는 나누는 수보다 항상 작아야 해요

🎵 계산하세요.

01

$3 \overline{)7\ 4\ 1}$

02

$6 \overline{)8\ 2\ 8}$

03

$5 \overline{)7\ 1\ 3}$

04

$7 \overline{)9\ 2\ 2}$

05

$2 \overline{)3\ 2\ 4}$

06

$7 \overline{)5\ 7\ 3}$

07

$4 \overline{)9\ 4\ 9}$

08

$5 \overline{)8\ 6\ 9}$

09

$8 \overline{)5\ 9\ 2}$

10

$6 \overline{)7\ 7\ 3}$

11

$4 \overline{)4\ 6\ 0}$

12

$3 \overline{)9\ 1\ 7}$

13

$4 \overline{)6\ 7\ 4}$

14

$3 \overline{)9\ 2\ 3}$

15

$4 \overline{)2\ 8\ 6}$

16

$6 \overline{)3\ 9\ 5}$

2
PART

🐚 다음과 같이 계산하세요.

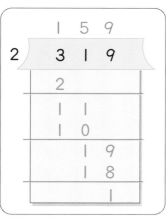

01

02
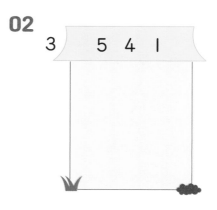

03

04

05
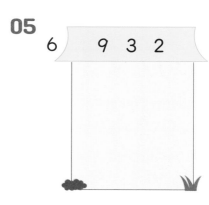

06

07

08
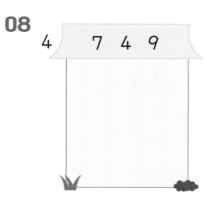

09
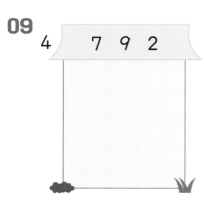

10
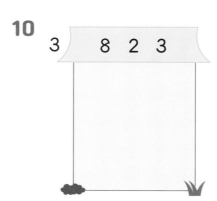

11
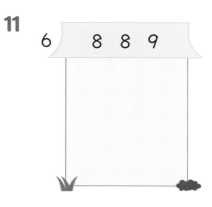

🗣 계산하세요.

01

$4 \overline{)828}$

02

$5 \overline{)446}$

03

$2 \overline{)513}$

04

$8 \overline{)975}$

05

$6 \overline{)709}$

06

$3 \overline{)819}$

07

$8 \overline{)587}$

08

$5 \overline{)377}$

09

$2 \overline{)124}$

10

$6 \overline{)521}$

11

$7 \overline{)564}$

12

$3 \overline{)722}$

13

$9 \overline{)752}$

14

$7 \overline{)872}$

15

$5 \overline{)525}$

16

$4 \overline{)683}$

나눗셈을 하고, 몫이 가장 큰 나눗셈에 ♡표, 나머지가 가장 큰 나눗셈에 ☆표 하세요.

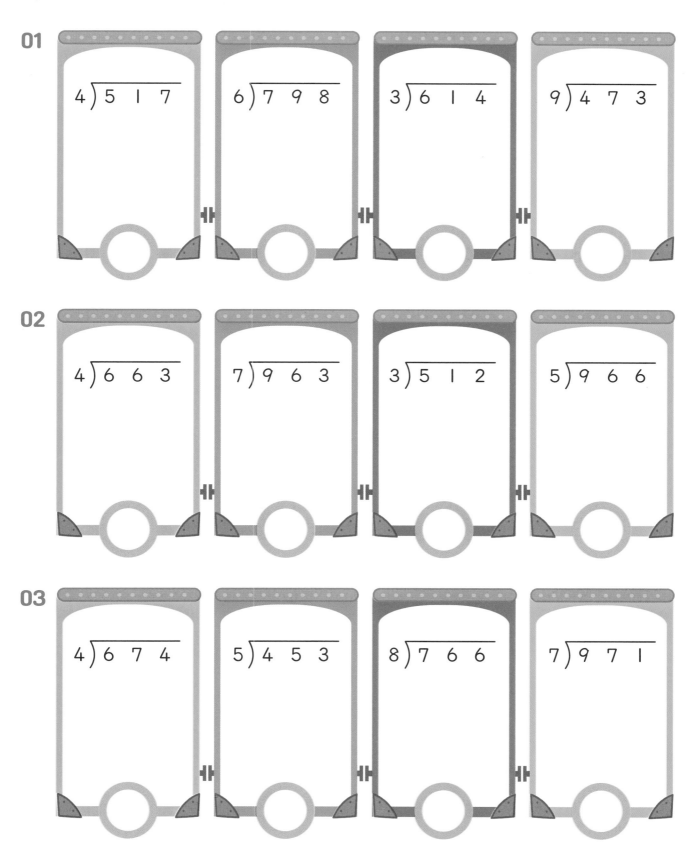

01

$4 \overline{)5\ 1\ 7}$　$6 \overline{)7\ 9\ 8}$　$3 \overline{)6\ 1\ 4}$　$9 \overline{)4\ 7\ 3}$

02

$4 \overline{)6\ 6\ 3}$　$7 \overline{)9\ 6\ 3}$　$3 \overline{)5\ 1\ 2}$　$5 \overline{)9\ 6\ 6}$

03

$4 \overline{)6\ 7\ 4}$　$5 \overline{)4\ 5\ 3}$　$8 \overline{)7\ 6\ 6}$　$7 \overline{)9\ 7\ 1}$

18 Ⓐ 곱한 후에 더해요

나누는 수와 몫을 곱한 후, 나머지를 더하면 나누어지는 수가 되어야 합니다.
나누어떨어지는 식에서는 나누는 수와 몫의 곱이 나누어지는 수인지만 확인하면 됩니다.

나누어지는 수   몫
$$59 \div 4 = 14 \cdots 3$$
나누는 수   나머지

↓

$$4 \times 14 = 56, \quad 56 + 3 = 59$$
나누는 수 몫   나머지 나누어지는 수

♪ 나눗셈을 하고, 계산이 맞는지 확인하세요.

01

$$\begin{array}{r} 3\,3 \\ 2\,\overline{)6\,7} \\ 6 \\ \hline 7 \\ 6 \\ \hline 1 \end{array}$$

확인 : ☐ × ☐ = ☐ ,

☐ + ☐ = ☐

02

$$3\,\overline{)5\,8}$$

확인 : ☐ × ☐ = ☐ ,

☐ + ☐ = ☐

03

$$6\,\overline{)7\,4}$$

확인 : ☐ × ☐ = ☐ ,

☐ + ☐ = ☐

04

$$5\,\overline{)9\,1}$$

확인 : ☐ × ☐ = ☐ ,

☐ + ☐ = ☐

🧮 나눗셈을 하고, 계산이 맞는지 확인하세요.

01 $98 \div 4 =$ ☐ $\cdots$ ☐ ➡ 확인 : ☐ $\times$ ☐ $=$ ☐ , ☐ $+$ ☐ $=$ ☐

02 $77 \div 6 =$ ☐ $\cdots$ ☐ ➡ 확인 : ☐ $\times$ ☐ $=$ ☐ , ☐ $+$ ☐ $=$ ☐

03 $47 \div 4 =$ ☐ $\cdots$ ☐ ➡ 확인 : ☐ $\times$ ☐ $=$ ☐ , ☐ $+$ ☐ $=$ ☐

04 $95 \div 8 =$ ☐ $\cdots$ ☐ ➡ 확인 : ☐ $\times$ ☐ $=$ ☐ , ☐ $+$ ☐ $=$ ☐

05 $81 \div 4 =$ ☐ $\cdots$ ☐ ➡ 확인 : ☐ $\times$ ☐ $=$ ☐ , ☐ $+$ ☐ $=$ ☐

06 $62 \div 5 =$ ☐ $\cdots$ ☐ ➡ 확인 : ☐ $\times$ ☐ $=$ ☐ , ☐ $+$ ☐ $=$ ☐

07 $89 \div 4 =$ ☐ $\cdots$ ☐ ➡ 확인 : ☐ $\times$ ☐ $=$ ☐ , ☐ $+$ ☐ $=$ ☐

08 $81 \div 6 =$ ☐ $\cdots$ ☐ ➡ 확인 : ☐ $\times$ ☐ $=$ ☐ , ☐ $+$ ☐ $=$ ☐

09 $55 \div 2 =$ ☐ $\cdots$ ☐ ➡ 확인 : ☐ $\times$ ☐ $=$ ☐ , ☐ $+$ ☐ $=$ ☐

10 $53 \div 3 =$ ☐ $\cdots$ ☐ ➡ 확인 : ☐ $\times$ ☐ $=$ ☐ , ☐ $+$ ☐ $=$ ☐

18 Ⓑ 세 자리 수 나눗셈으로도 연습해요

🔑 나눗셈을 하고, 계산이 맞는지 확인하세요.

01

$$6 \overline{)\,4\ 4\ 3}$$

확인 : ☐ × ☐ = ☐ ,

☐ + ☐ = ☐

02

$$3 \overline{)\,5\ 5\ 4}$$

확인 : ☐ × ☐ = ☐ ,

☐ + ☐ = ☐

03

$$3 \overline{)\,6\ 7\ 0}$$

확인 : ☐ × ☐ = ☐ ,

☐ + ☐ = ☐

04

$$5 \overline{)\,8\ 4\ 1}$$

확인 : ☐ × ☐ = ☐ ,

☐ + ☐ = ☐

05

$$7 \overline{)\,7\ 2\ 4}$$

확인 : ☐ × ☐ = ☐ ,

☐ + ☐ = ☐

06

$$4 \overline{)\,5\ 9\ 8}$$

확인 : ☐ × ☐ = ☐ ,

☐ + ☐ = ☐

🎯 나눗셈을 하고, 계산이 맞는지 확인하세요.

01 $155 \div 9 =$ ⬚ ⋯ ⬚ → 확인 : ⬚ × ⬚ = ⬚ , ⬚ + ⬚ = ⬚

02 $610 \div 7 =$ ⬚ ⋯ ⬚ → 확인 : ⬚ × ⬚ = ⬚ , ⬚ + ⬚ = ⬚

03 $887 \div 4 =$ ⬚ ⋯ ⬚ → 확인 : ⬚ × ⬚ = ⬚ , ⬚ + ⬚ = ⬚

04 $458 \div 5 =$ ⬚ ⋯ ⬚ → 확인 : ⬚ × ⬚ = ⬚ , ⬚ + ⬚ = ⬚

05 $469 \div 6 =$ ⬚ ⋯ ⬚ → 확인 : ⬚ × ⬚ = ⬚ , ⬚ + ⬚ = ⬚

06 $741 \div 4 =$ ⬚ ⋯ ⬚ → 확인 : ⬚ × ⬚ = ⬚ , ⬚ + ⬚ = ⬚

07 $945 \div 6 =$ ⬚ ⋯ ⬚ → 확인 : ⬚ × ⬚ = ⬚ , ⬚ + ⬚ = ⬚

08 $663 \div 5 =$ ⬚ ⋯ ⬚ → 확인 : ⬚ × ⬚ = ⬚ , ⬚ + ⬚ = ⬚

09 $327 \div 2 =$ ⬚ ⋯ ⬚ → 확인 : ⬚ × ⬚ = ⬚ , ⬚ + ⬚ = ⬚

10 $999 \div 8 =$ ⬚ ⋯ ⬚ → 확인 : ⬚ × ⬚ = ⬚ , ⬚ + ⬚ = ⬚

🎈 나눗셈을 하고, 나누어떨어지는 나눗셈식을 찾아 ◯표 하세요.

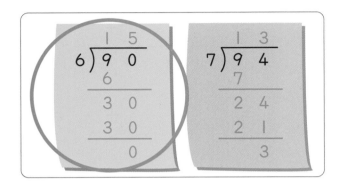

$$\begin{array}{r} 1\ 5 \\ 6\overline{)9\ 0} \\ 6 \\ \hline 3\ 0 \\ 3\ 0 \\ \hline 0 \end{array} \qquad \begin{array}{r} 1\ 3 \\ 7\overline{)9\ 4} \\ 7 \\ \hline 2\ 4 \\ 2\ 1 \\ \hline 3 \end{array}$$

01

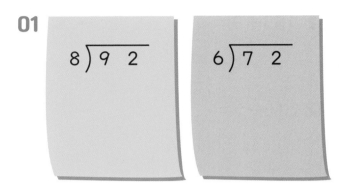

$$8\overline{)9\ 2} \qquad 6\overline{)7\ 2}$$

02

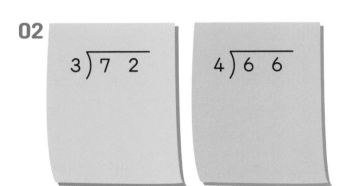

$$3\overline{)7\ 2} \qquad 4\overline{)6\ 6}$$

03

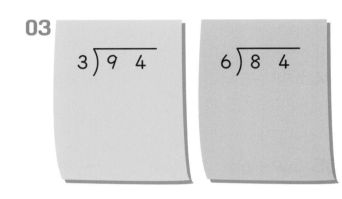

$$3\overline{)9\ 4} \qquad 6\overline{)8\ 4}$$

04

$$\begin{array}{r} 1\ 0\ 3 \\ 5\overline{)5\ 1\ 7} \\ 5 \\ \hline 1\ 7 \\ 1\ 5 \\ \hline 2 \end{array} \quad 517 \div 5 = 103 \cdots 2 \qquad 645 \div 5 \qquad 864 \div 7$$

05

$$974 \div 6 \qquad 808 \div 7 \qquad 688 \div 4$$

계산하세요.

01 $85 \div 6 =$

02 $72 \div 5 =$

03 $84 \div 4 =$

04 $64 \div 3 =$

05 $78 \div 2 =$

06 $95 \div 7 =$

07 $805 \div 3 =$

08 $897 \div 4 =$

09 $500 \div 3 =$

10 $825 \div 6 =$

11 $779 \div 4 =$

12 $517 \div 6 =$

13 $902 \div 5 =$

14 $844 \div 7 =$

15 $787 \div 2 =$

16 $858 \div 5 =$

01 46÷2의 계산 과정을 수 모형으로 나타낸 그림입니다. □ 안에 알맞은 수를 써넣으세요.

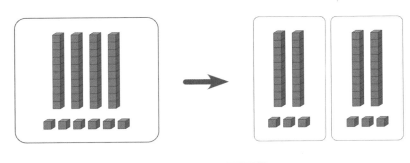

$$46 \div 2 = \boxed{}$$

02 계산하세요.

$$4 \overline{)89} \qquad 3 \overline{)72} \qquad 6 \overline{)965} \qquad 7 \overline{)826}$$

03 잘못 계산한 곳을 찾아 바르게 계산하세요.

$$
\begin{array}{r}
27 \\
3 \overline{)86} \\
\underline{6} \\
26 \\
\underline{21} \\
5
\end{array}
\longrightarrow
3 \overline{)86}
\qquad\qquad
\begin{array}{r}
151 \\
4 \overline{)427} \\
\underline{4} \\
27 \\
\underline{20} \\
7 \\
\underline{4} \\
3
\end{array}
\longrightarrow
4 \overline{)427}
$$

04 나머지가 같은 것끼리 연결하세요.

85÷6=☐ ··· ☐ •

99÷5=☐ ··· ☐ •

74÷3=☐ ··· ☐ •

• 734÷4=☐ ··· ☐

• 505÷3=☐ ··· ☐

• 921÷7=☐ ··· ☐

05 몫이 가장 작은 것을 찾아 ◯표 하세요.

316÷6   88÷3   412÷9

06 색종이가 267장 있습니다. 7명이 똑같이 나누어 갖는다면 한 명이 색종이를 몇 개씩 가질 수 있고, 몇 개가 남을까요?

답 : 한 명이 _____ 장씩 가질 수 있고, _____ 장이 남습니다.

07 어떤 수를 4로 나누었더니 몫이 10, 나머지는 3이 되었습니다. 어떤 수는 얼마일까요?

답 : _____

수아는 1층에서 9층까지 오르는 데 120초가 걸립니다. 같은 빠르기로 수아가 1층에서 3층까지 오르는 데 걸리는 시간을 구하세요.

9층까지 120초 걸리니까
3층까지면 나누기 3을 하면 되겠네!
.... 아닌가???

9층

8층

7층

6층

5층

4층

3층

2층

1층

3 PART

분수

① 차시별로 정답률을 확인하고, 성취도에 ○표 하세요.

😊 80% 이상 맞혔어요.   😐 60%~80% 맞혔어요.   😞 60% 이하 맞혔어요.

전체를 몇 묶음으로 묶었는지에 따라 분수가 달라질 수 있습니다.

과자 8개를 4묶음으로 똑같이 나누면 한 묶음에 들어가는 과자는 2개입니다.

과자 4개는 과자를 똑같이 나눈 4묶음 중에서 2묶음이므로 전체의 $\frac{2}{4}$입니다.

분자에는 부분 묶음 수,
분모에는 전체 묶음 수를
쓰면 되니 어렵지 않네~

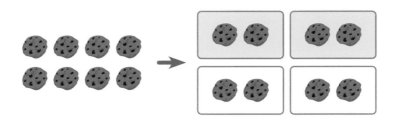

🔔 사탕을 똑같이 나누었습니다. 색칠된 사탕은 전체 사탕의 얼마인지 분수로 나타내세요.

01

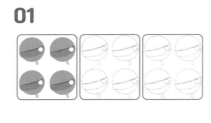 전체의

02

 전체의

03

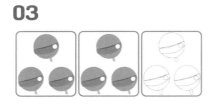 전체의

04

 전체의

05

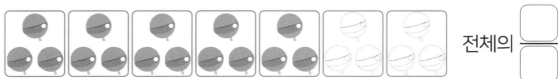 전체의

06

 전체의

🐾 □ 안에 알맞은 수를 써넣으세요.

┌ 30을 5씩 묶으면 6 묶음이 됩니다.

└ 25는 5씩 5 묶음입니다.

→ 25는 30의 $\dfrac{5}{6}$ 입니다.

부분 묶음 수
전체 묶음 수

01

┌ 36을 6씩 묶으면 ⬜ 묶음이 됩니다.

└ 12는 6씩 ⬜ 묶음입니다.

→ 12는 36의 $\dfrac{⬜}{⬜}$ 입니다.

02

┌ 36을 4씩 묶으면 ⬜ 묶음이 됩니다.

└ 20은 4씩 ⬜ 묶음입니다.

→ 20은 36의 $\dfrac{⬜}{⬜}$ 입니다.

03

┌ 64를 8씩 묶으면 ⬜ 묶음이 됩니다.

└ 24는 8씩 ⬜ 묶음입니다.

→ 24는 64의 $\dfrac{⬜}{⬜}$ 입니다.

04

┌ 21을 7씩 묶으면 ⬜ 묶음이 됩니다.

└ 14는 7씩 ⬜ 묶음입니다.

→ 14는 21의 $\dfrac{⬜}{⬜}$ 입니다.

05

┌ 16을 2씩 묶으면 ⬜ 묶음이 됩니다.

└ 14는 2씩 ⬜ 묶음입니다.

→ 14는 16의 $\dfrac{⬜}{⬜}$ 입니다.

06

┌ 27을 3씩 묶으면 ⬜ 묶음이 됩니다.

└ 15는 3씩 ⬜ 묶음입니다.

→ 15는 27의 $\dfrac{⬜}{⬜}$ 입니다.

07

┌ 63을 9씩 묶으면 ⬜ 묶음이 됩니다.

└ 45는 9씩 ⬜ 묶음입니다.

→ 45는 63의 $\dfrac{⬜}{⬜}$ 입니다.

3
PART

같은 수를 다르게 묶어요

🎵 그림을 보고 ☐ 안에 알맞은 수를 써넣으세요.

01

그림을 6씩 묶어 보면,
12는 18을 3묶음으로 나눈 것 중에
2묶음이 되는 걸 알 수 있어~!
따라서 12는 18의 $\frac{2}{3}$야!

18을

— 6씩 묶으면 ☐3 묶음이 됩니다. 12는 18의 $\dfrac{2}{3}$ 입니다.
    6+6=12

— 2씩 묶으면 ☐ 묶음이 됩니다. 8은 18의 $\dfrac{\ }{\ }$ 입니다.

02

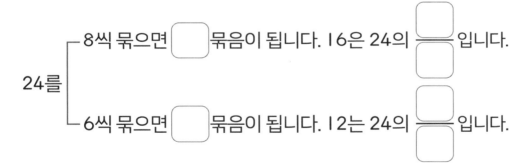

24를

— 8씩 묶으면 ☐ 묶음이 됩니다. 16은 24의 $\dfrac{\ }{\ }$ 입니다.

— 6씩 묶으면 ☐ 묶음이 됩니다. 12는 24의 $\dfrac{\ }{\ }$ 입니다.

03

30을

— 5씩 묶으면 ☐ 묶음이 됩니다. 25는 30의 $\dfrac{\ }{\ }$ 입니다.

— 6씩 묶으면 ☐ 묶음이 됩니다. 18은 30의 $\dfrac{\ }{\ }$ 입니다.

🙋 □ 안에 알맞은 수를 써넣으세요.

01 12를

3씩 묶으면 □ 묶음이 됩니다. 9는 12의 □/□ 입니다.

2씩 묶으면 □ 묶음이 됩니다. 4는 12의 □/□ 입니다.

02 16을

2씩 묶으면 □ 묶음이 됩니다. 10은 16의 □/□ 입니다.

8씩 묶으면 □ 묶음이 됩니다. 8은 16의 □/□ 입니다.

03 20을

5씩 묶으면 □ 묶음이 됩니다. 15는 20의 □/□ 입니다.

4씩 묶으면 □ 묶음이 됩니다. 8은 20의 □/□ 입니다.

04 28을

7씩 묶으면 □ 묶음이 됩니다. 14는 28의 □/□ 입니다.

4씩 묶으면 □ 묶음이 됩니다. 16은 28의 □/□ 입니다.

전체를 똑같이 묶은 것 중 한 묶음은 몇일까요?

바둑돌 12개를 4묶음으로 똑같이 나누면 한 묶음에 들어가는 바둑돌은 3개입니다.

→ 12를 4묶음으로 나눈 것 중에서 1묶음은 3입니다. → 12의 $\frac{1}{4}$은 3입니다.

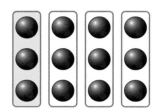

전체를 4묶음으로 똑같이
나눈 것 중 1묶음이니까
전체를 4로 나눈 값과 같겠다~

🔑 그림을 보고 ☐ 안에 알맞은 수를 써넣으세요.

01

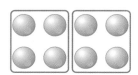

8을 2묶음으로 똑같이 나눈 것 중 1묶음은 ☐ 입니다.

8의 $\frac{1}{2}$은 ☐ 입니다.

02

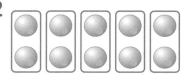

10을 5묶음으로 똑같이 나눈 것 중 1묶음은 ☐ 입니다.

10의 $\frac{1}{5}$은 ☐ 입니다.

03

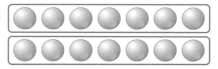

14를 2묶음으로 똑같이 나눈 것 중 1묶음은 ☐ 입니다.

14의 $\frac{1}{2}$은 ☐ 입니다.

04

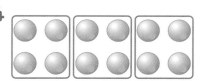

12를 3묶음으로 똑같이 나눈 것 중 1묶음은 ☐ 입니다.

12의 $\frac{1}{3}$은 ☐ 입니다.

05

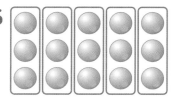

15를 5묶음으로 똑같이 나눈 것 중 1묶음은 ☐ 입니다.

15의 $\frac{1}{5}$은 ☐ 입니다.

💡 □ 안에 알맞은 수를 써넣으세요.

01 28을 7묶음으로 똑같이 나눈 것 중 1묶음은 $\boxed{}$ 입니다. ➡ 28의 $\frac{1}{7}$은 $\boxed{}$ 입니다.

02 9를 3묶음으로 똑같이 나눈 것 중 1묶음은 $\boxed{}$ 입니다. ➡ 9의 $\frac{1}{3}$은 $\boxed{}$ 입니다.

03 24를 4묶음으로 똑같이 나눈 것 중 1묶음은 $\boxed{}$ 입니다. ➡ 24의 $\frac{1}{4}$은 $\boxed{}$ 입니다.

04 12를 6묶음으로 똑같이 나눈 것 중 1묶음은 $\boxed{}$ 입니다. ➡ 12의 $\frac{1}{6}$은 $\boxed{}$ 입니다.

05 25를 5묶음으로 똑같이 나눈 것 중 1묶음은 $\boxed{}$ 입니다. ➡ 25의 $\frac{1}{5}$은 $\boxed{}$ 입니다.

06 27을 9묶음으로 똑같이 나눈 것 중 1묶음은 $\boxed{}$ 입니다. ➡ 27의 $\frac{1}{9}$은 $\boxed{}$ 입니다.

07 36을 4묶음으로 똑같이 나눈 것 중 1묶음은 $\boxed{}$ 입니다. ➡ 36의 $\frac{1}{4}$은 $\boxed{}$ 입니다.

08 40을 8묶음으로 똑같이 나눈 것 중 1묶음은 $\boxed{}$ 입니다. ➡ 40의 $\frac{1}{8}$은 $\boxed{}$ 입니다.

09 6을 2묶음으로 똑같이 나눈 것 중 1묶음은 $\boxed{}$ 입니다. ➡ 6의 $\frac{1}{2}$은 $\boxed{}$ 입니다.

21 B 나눗셈을 생각하면서 연습해요

그림을 보고 □ 안에 알맞은 수를 써넣으세요.

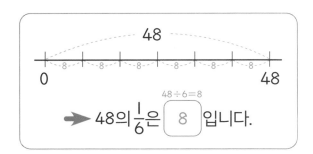

➡ 48의 $\frac{1}{6}$은 $\boxed{8}$ 입니다.

01
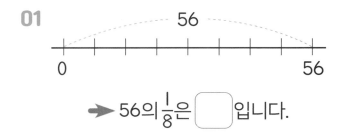

➡ 56의 $\frac{1}{8}$은 $\boxed{}$ 입니다.

02
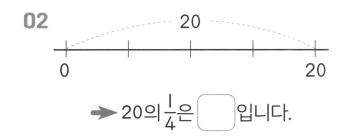

➡ 20의 $\frac{1}{4}$은 $\boxed{}$ 입니다.

03
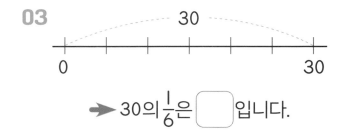

➡ 30의 $\frac{1}{6}$은 $\boxed{}$ 입니다.

04
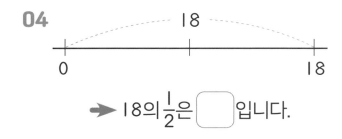

➡ 18의 $\frac{1}{2}$은 $\boxed{}$ 입니다.

05
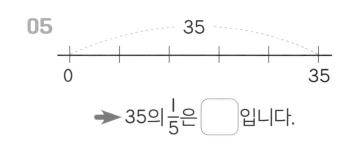

➡ 35의 $\frac{1}{5}$은 $\boxed{}$ 입니다.

06
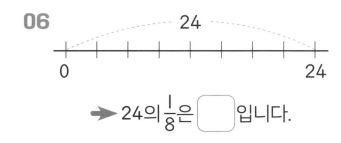

➡ 24의 $\frac{1}{8}$은 $\boxed{}$ 입니다.

07
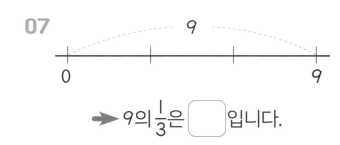

➡ 9의 $\frac{1}{3}$은 $\boxed{}$ 입니다.

08
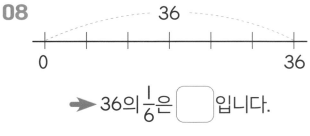

➡ 36의 $\frac{1}{6}$은 $\boxed{}$ 입니다.

09
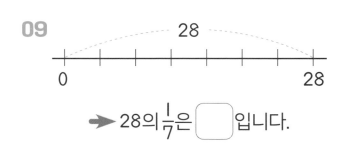

➡ 28의 $\frac{1}{7}$은 $\boxed{}$ 입니다.

😊 □ 안에 알맞은 수를 써넣으세요.

01 40의 $\frac{1}{8}$은 □ 입니다.

02 28의 $\frac{1}{4}$은 □ 입니다.

03 15의 $\frac{1}{5}$은 □ 입니다.

04 16의 $\frac{1}{2}$은 □ 입니다.

05 27의 $\frac{1}{3}$은 □ 입니다.

06 18의 $\frac{1}{6}$은 □ 입니다.

07 49의 $\frac{1}{7}$은 □ 입니다.

08 18의 $\frac{1}{9}$은 □ 입니다.

09 8의 $\frac{1}{2}$은 □ 입니다.

10 54의 $\frac{1}{6}$은 □ 입니다.

11 45의 $\frac{1}{9}$은 □ 입니다.

12 21의 $\frac{1}{7}$은 □ 입니다.

13 32의 $\frac{1}{4}$은 □ 입니다.

14 15의 $\frac{1}{3}$은 □ 입니다.

15 56의 $\frac{1}{8}$은 □ 입니다.

16 30의 $\frac{1}{5}$은 □ 입니다.

22 Ⓐ 전체를 똑같이 묶은 것 중 하나를 먼저 구해요

꽃 12송이를 4묶음으로 똑같이 나누면 한 묶음에 들어가는 꽃은 3송이입니다.

12를 4묶음으로 나눈 것 중에서 1묶음은 3입니다. ➔ 12의 $\frac{1}{4}$은 3입니다.

12를 4묶음으로 나눈 것 중에서 3묶음은 9입니다. ➔ 12의 $\frac{3}{4}$은 9입니다.

$\frac{1}{4}$이 3개 있는 것과 같으니 $\frac{3}{4}$은 $\frac{1}{4}$의 3배라고 할 수 있겠네?

🔎 그림을 보고 ☐ 안에 알맞은 수를 써넣으세요.

01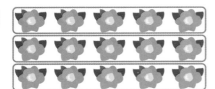

15의 $\frac{1}{3}$은 ☐ 입니다.

15의 $\frac{2}{3}$는 ☐ 입니다.

02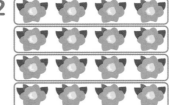

16의 $\frac{1}{4}$은 ☐ 입니다.

16의 $\frac{3}{4}$은 ☐ 입니다.

03

12의 $\frac{1}{6}$은 ☐ 입니다.

12의 $\frac{4}{6}$는 ☐ 입니다.

04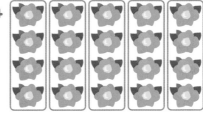

20의 $\frac{1}{5}$은 ☐ 입니다.

20의 $\frac{4}{5}$는 ☐ 입니다.

🤔 □ 안에 알맞은 수를 써넣으세요.

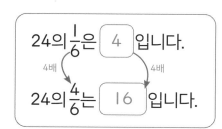

24의 $\frac{1}{6}$은 [4] 입니다.

24의 $\frac{4}{6}$는 [16] 입니다.

01 30의 $\frac{1}{5}$은 □ 입니다.

30의 $\frac{4}{5}$는 □ 입니다.

02 63의 $\frac{1}{7}$은 □ 입니다.

63의 $\frac{5}{7}$는 □ 입니다.

03 27의 $\frac{1}{9}$은 □ 입니다.

27의 $\frac{7}{9}$은 □ 입니다.

04 24의 $\frac{1}{6}$은 □ 입니다.

24의 $\frac{4}{6}$는 □ 입니다.

05 40의 $\frac{1}{8}$은 □ 입니다.

40의 $\frac{5}{8}$는 □ 입니다.

06 32의 $\frac{1}{4}$은 □ 입니다.

32의 $\frac{2}{4}$는 □ 입니다.

07 12의 $\frac{1}{3}$은 □ 입니다.

12의 $\frac{2}{3}$는 □ 입니다.

08 35의 $\frac{1}{7}$은 □ 입니다.

35의 $\frac{4}{7}$는 □ 입니다.

09 81의 $\frac{1}{9}$은 □ 입니다.

81의 $\frac{3}{9}$은 □ 입니다.

🎈 막대를 분수만큼 색칠하고 □ 안에 알맞은 수를 써넣으세요.

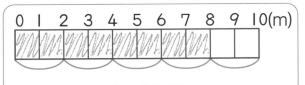

➡ 10 m의 $\frac{4}{5}$는 [8] m입니다.

01

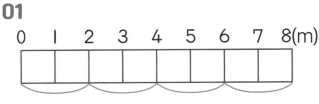

➡ 8 m의 $\frac{2}{4}$는 □ m입니다.

02

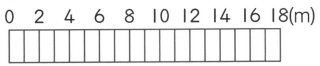

➡ 18 m의 $\frac{5}{6}$는 □ m입니다.

03

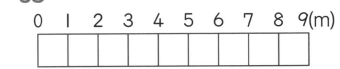

➡ 9 m의 $\frac{2}{3}$는 □ m입니다.

04

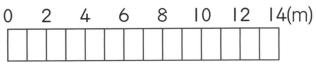

➡ 14 m의 $\frac{4}{7}$는 □ m입니다.

05

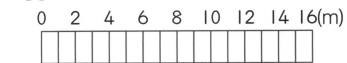

➡ 16 m의 $\frac{3}{4}$은 □ m입니다.

06

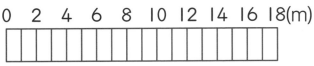

➡ 18 m의 $\frac{7}{9}$은 □ m입니다.

07

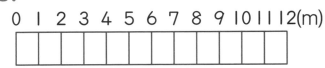

➡ 12 m의 $\frac{5}{6}$는 □ m입니다.

08

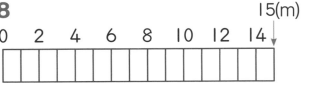

➡ 15 m의 $\frac{3}{5}$은 □ m입니다.

09

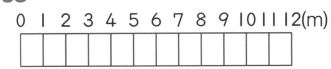

➡ 12 m의 $\frac{3}{4}$은 □ m입니다.

□ 안에 알맞은 수를 써넣으세요.

01 24 cm의 $\frac{5}{6}$는 ⬜ cm입니다.

02 18 cm의 $\frac{2}{3}$는 ⬜ cm입니다.

03 21 cm의 $\frac{6}{7}$은 ⬜ cm입니다.

04 40 cm의 $\frac{2}{5}$는 ⬜ cm입니다.

05 32 cm의 $\frac{2}{4}$는 ⬜ cm입니다.

06 72 cm의 $\frac{6}{8}$은 ⬜ cm입니다.

07 63 cm의 $\frac{4}{7}$는 ⬜ cm입니다.

08 27 cm의 $\frac{7}{9}$은 ⬜ cm입니다.

09 25 cm의 $\frac{3}{5}$은 ⬜ cm입니다.

10 24 cm의 $\frac{3}{6}$은 ⬜ cm입니다.

11 36 cm의 $\frac{8}{9}$은 ⬜ cm입니다.

12 28 cm의 $\frac{3}{4}$은 ⬜ cm입니다.

13 16 cm의 $\frac{4}{8}$는 ⬜ cm입니다.

14 49 cm의 $\frac{2}{7}$는 ⬜ cm입니다.

몇 분의 몇의 값을 이용해 전체 길이를 알기 위해서는 몇 분의 1의 값을 먼저 구해야 합니다.

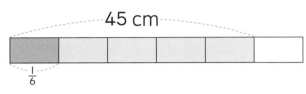

45 cm

$\frac{1}{6}$

① 전체 길이의 $\frac{5}{6}$는 45 cm입니다.

$\div 5$

② 전체 길이의 $\frac{1}{6}$은 9 cm입니다.

$\times 6$

③ 전체 길이는 54 cm입니다.

① 전체를 똑같이 6부분으로 나눈 것 중 5칸이니까 색칠된 부분은 전체의 $\frac{5}{6}$야!

② $\frac{5}{6}$는 $\frac{1}{6}$의 5배이므로 $\frac{1}{6}$의 값은 $\frac{5}{6}$의 값인 45를 5로 나누어 구할 수 있어!

③ $\frac{1}{6}$이 6개 있는 것이 전체이니까 전체 길이는 $9 \times 6 = 54$(cm)야!

🎈 수직선 위의 ♥의 값을 구하려고 합니다. ☐ 안에 알맞은 수를 써넣으세요.

01

15

0   ♥

→ ♥의 $\frac{3}{7}$은 15입니다.

$\div 3$

→ ♥의 $\frac{1}{7}$은 ☐입니다.

$\times 7$

→ ♥ = ☐

02

30

0   ♥

→ ♥의 $\frac{5}{6}$는 30입니다.

→ ♥의 $\frac{1}{6}$은 ☐입니다.

→ ♥ = ☐

03

32

0   ♥

→ ♥의 $\frac{\Box}{\Box}$는 32입니다.

→ ♥의 $\frac{1}{\Box}$은 ☐입니다.

→ ♥ = ☐

04

12

0   ♥

→ ♥의 $\frac{\Box}{\Box}$은 12입니다.

→ ♥의 $\frac{1}{\Box}$은 ☐입니다.

→ ♥ = ☐

😊 ☐ 안에 알맞은 수를 써넣으세요.

01 어떤 수의 $\frac{6}{9}$은 18입니다.

어떤 수의 $\frac{1}{9}$은 ☐ 입니다. ↓ ÷6

어떤 수는 ☐ 입니다. ↓ ×9

02 어떤 수의 $\frac{4}{7}$는 32입니다.

어떤 수의 $\frac{1}{7}$은 ☐ 입니다.

어떤 수는 ☐ 입니다.

03 어떤 수의 $\frac{5}{8}$는 25입니다.

어떤 수의 $\frac{1}{8}$은 ☐ 입니다.

어떤 수는 ☐ 입니다.

04 어떤 수의 $\frac{2}{3}$는 14입니다.

어떤 수의 $\frac{1}{3}$은 ☐ 입니다.

어떤 수는 ☐ 입니다.

05 어떤 수의 $\frac{3}{4}$은 18입니다.

어떤 수의 $\frac{1}{4}$은 ☐ 입니다.

어떤 수는 ☐ 입니다.

06 어떤 수의 $\frac{7}{9}$은 28입니다.

어떤 수의 $\frac{1}{9}$은 ☐ 입니다.

어떤 수는 ☐ 입니다.

07 어떤 수의 $\frac{6}{7}$은 36입니다.

어떤 수의 $\frac{1}{7}$은 ☐ 입니다.

어떤 수는 ☐ 입니다.

08 어떤 수의 $\frac{4}{9}$는 36입니다.

어떤 수의 $\frac{1}{9}$은 ☐ 입니다.

어떤 수는 ☐ 입니다.

23 ⓑ 나누고 곱하는 이유를 생각해요

어떤 수의 $\frac{\blacksquare}{\bullet}$가 ▲일 때

먼저 ▲÷●를 계산하여 $\frac{1}{\bullet}$의 값을 구한 후,

($\frac{1}{\bullet}$의 값)×■를 계산하여 어떤 수를 구할 수 있어!

☝️ □ 안에 알맞은 수를 써넣으세요.

01 □의 $\frac{6}{7}$은 36입니다.

□의 $\frac{1}{7}$＝36÷6＝6

□＝6×7

02 □의 $\frac{4}{5}$는 32입니다.

□의 $\frac{1}{5}$＝32÷4＝8

□＝8×5

03 □의 $\frac{3}{5}$은 12입니다.

04 □의 $\frac{2}{5}$는 6입니다.

05 □의 $\frac{7}{8}$은 42입니다.

06 □의 $\frac{5}{7}$는 20입니다.

07 □의 $\frac{3}{5}$은 21입니다.

08 □의 $\frac{2}{7}$는 16입니다.

09 □의 $\frac{4}{7}$는 36입니다.

10 □의 $\frac{5}{9}$는 15입니다.

11 □의 $\frac{3}{8}$은 9입니다.

12 □의 $\frac{3}{6}$은 18입니다.

13 □의 $\frac{2}{4}$는 16입니다.

14 □의 $\frac{6}{7}$은 12입니다.

15 □의 $\frac{7}{9}$은 42입니다.

16 □의 $\frac{3}{8}$은 24입니다.

🔍 □ 안에 알맞은 수를 써넣으세요.

01 ⬜의 $\frac{3}{4}$은 24입니다.

02 ⬜의 $\frac{6}{9}$은 30입니다.

03 ⬜의 $\frac{5}{8}$는 35입니다.

04 ⬜의 $\frac{3}{7}$은 6입니다.

05 ⬜의 $\frac{4}{7}$는 16입니다.

06 ⬜의 $\frac{2}{6}$는 18입니다.

07 ⬜의 $\frac{2}{8}$는 4입니다.

08 ⬜의 $\frac{4}{8}$는 12입니다.

09 ⬜의 $\frac{4}{6}$는 28입니다.

10 ⬜의 $\frac{6}{8}$은 30입니다.

11 ⬜의 $\frac{3}{9}$은 27입니다.

12 ⬜의 $\frac{5}{6}$는 40입니다.

13 ⬜의 $\frac{2}{3}$는 4입니다.

14 ⬜의 $\frac{2}{9}$는 14입니다.

15 ⬜의 $\frac{4}{9}$는 16입니다.

16 ⬜의 $\frac{8}{9}$은 64입니다.

🔍 □ 안에 알맞은 수를 써넣으세요.

01 63의 $\frac{4}{7}$는 [   ] 입니다.

63을 7묶음으로 나눈 것 중 4묶음
$63 \div 7 = 9$
9×4

02 24의 $\frac{2}{4}$는 [   ] 입니다.

03 56의 $\frac{3}{7}$은 [   ] 입니다.

04 49의 $\frac{6}{7}$은 [   ] 입니다.

05 49의 $\frac{5}{7}$는 [   ] 입니다.

06 48의 $\frac{4}{8}$는 [   ] 입니다.

07 16의 $\frac{7}{8}$은 [   ] 입니다.

08 36의 $\frac{5}{9}$는 [   ] 입니다.

09 18의 $\frac{5}{6}$는 [   ] 입니다.

10 40의 $\frac{4}{5}$는 [   ] 입니다.

11 48의 $\frac{3}{8}$은 [   ] 입니다.

12 42의 $\frac{6}{7}$은 [   ] 입니다.

13 45의 $\frac{4}{9}$는 [   ] 입니다.

14 21의 $\frac{2}{7}$는 [   ] 입니다.

15 36의 $\frac{5}{6}$는 [   ] 입니다.

16 24의 $\frac{2}{3}$는 [   ] 입니다.

🐷 □ 안에 알맞은 수를 써넣으세요.

01 □의 $\frac{4}{6}$는 32입니다.

       □를 6묶음으로 나눈 것 중 4묶음 : 32
       한 묶음의 값 : 32÷4＝8
       8씩 6묶음 : 8×6＝□

02 □의 $\frac{3}{8}$은 21입니다.

03 □의 $\frac{2}{9}$는 6입니다.

04 □의 $\frac{5}{7}$는 15입니다.

05 □의 $\frac{6}{8}$은 18입니다.

06 □의 $\frac{4}{5}$는 36입니다.

07 □의 $\frac{4}{6}$는 12입니다.

08 □의 $\frac{2}{8}$는 10입니다.

09 □의 $\frac{7}{9}$은 63입니다.

10 □의 $\frac{3}{4}$은 18입니다.

11 □의 $\frac{2}{7}$는 16입니다.

12 □의 $\frac{5}{8}$는 40입니다.

13 □의 $\frac{5}{9}$는 35입니다.

14 □의 $\frac{2}{5}$는 8입니다.

15 □의 $\frac{8}{9}$은 32입니다.

16 □의 $\frac{6}{9}$은 36입니다.

집중해서 연습해 볼까요?

🔑 □ 안에 알맞은 수를 써넣으세요.

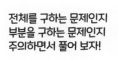 전체를 구하는 문제인지 부분을 구하는 문제인지 주의하면서 풀어 보자!

01 36의 $\frac{6}{9}$은 □ 입니다.

02 28의 $\frac{3}{7}$은 □ 입니다.

03 □의 $\frac{3}{8}$은 6입니다.

04 □의 $\frac{5}{7}$는 25입니다.

05 25의 $\frac{4}{5}$는 □ 입니다.

06 □의 $\frac{8}{9}$은 16입니다.

07 12의 $\frac{3}{4}$은 □ 입니다.

08 18의 $\frac{2}{6}$는 □ 입니다.

09 □의 $\frac{6}{9}$은 42입니다.

10 □의 $\frac{4}{7}$는 32입니다.

11 □의 $\frac{5}{6}$는 20입니다.

12 40의 $\frac{3}{8}$은 □ 입니다.

13 56의 $\frac{5}{7}$는 □ 입니다.

14 □의 $\frac{6}{8}$은 24입니다.

15 15의 $\frac{2}{3}$는 □ 입니다.

16 □의 $\frac{7}{8}$은 42입니다.

🎵 ☐ 안에 알맞은 수를 써넣으세요.

01 21의 $\frac{2}{3}$는 [ ] 입니다.

02 [ ]의 $\frac{2}{4}$는 16입니다.

03 18의 $\frac{4}{9}$는 [ ] 입니다.

04 [ ]의 $\frac{5}{6}$는 20입니다.

05 10의 $\frac{3}{5}$은 [ ] 입니다.

06 42의 $\frac{4}{6}$는 [ ] 입니다.

07 [ ]의 $\frac{2}{7}$는 12입니다.

08 [ ]의 $\frac{3}{5}$은 18입니다.

09 [ ]의 $\frac{7}{8}$은 42입니다.

10 56의 $\frac{3}{7}$은 [ ] 입니다.

11 [ ]의 $\frac{8}{9}$은 16입니다.

12 12의 $\frac{5}{6}$는 [ ] 입니다.

13 64의 $\frac{7}{8}$은 [ ] 입니다.

14 [ ]의 $\frac{5}{8}$는 40입니다.

15 [ ]의 $\frac{4}{7}$는 28입니다.

16 24의 $\frac{2}{4}$는 [ ] 입니다.

25 A 여러 가지 분수로 나타내요

진분수 : 분자가 분모보다 작은 분수

가분수 : 분자가 분모와 같거나 큰 분수

자연수 : 1, 2, 3과 같은 수

대분수 : 자연수와 진분수로 이루어진 분수

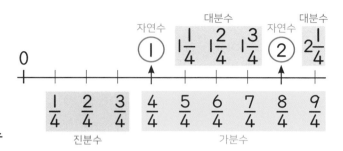

대분수를 가분수로 나타내기

$1\frac{2}{5}$ → $\frac{7}{5}$

1과 $\frac{2}{5}$ → $\frac{5}{5}$와 $\frac{2}{5}$

가분수를 대분수로 나타내기

$\frac{15}{4}$ → $3\frac{3}{4}$

$\frac{12}{4}$와 $\frac{3}{4}$ → 3과 $\frac{3}{4}$

수직선 위의 값을 분수로 알맞게 나타내고 진분수에 모두 ◯표 하세요.

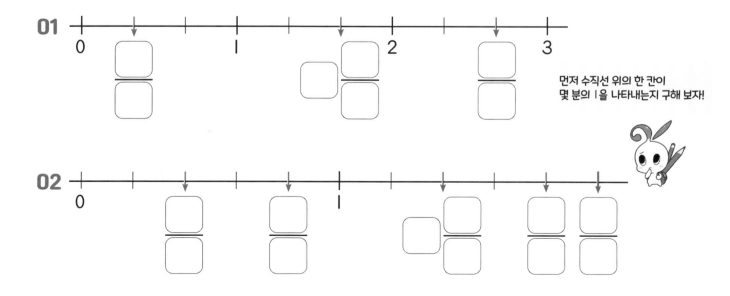

먼저 수직선 위의 한 칸이
몇 분의 1을 나타내는지 구해 보자!

수직선 위의 값을 분수나 자연수로 나타내세요.

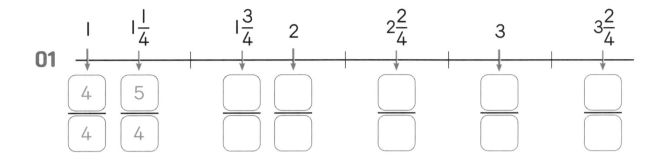

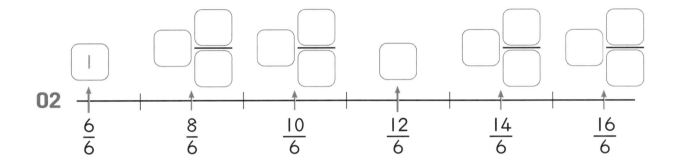

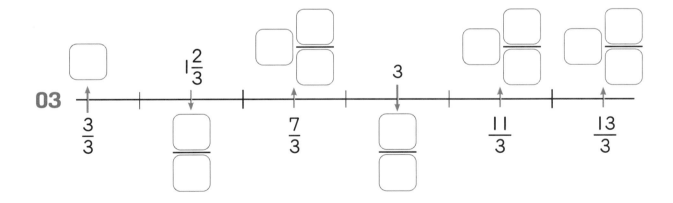

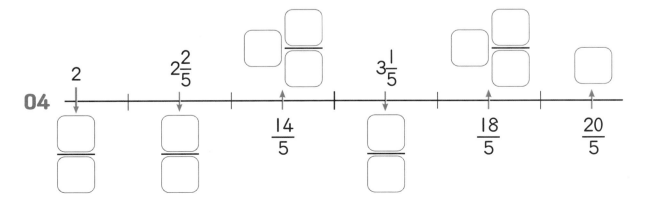

25 B 바꾸어 나타내요

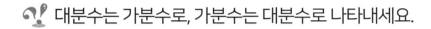

🐰 대분수는 가분수로, 가분수는 대분수로 나타내세요.

① 14에 3이 몇 번 들어가는지 알기 위해서 나눗셈을 하자! 나눗셈의 몫을 자연수 부분에 적고, 나머지는 분자에 적으면 돼!

② 4는 $\frac{3}{3}$이 4개, 즉 $\frac{1}{3}$이 12개 있는 것이지! 원래 분자에 있던 2개를 더하면 $\frac{1}{3}$이 모두 14개 있으니까 $4\frac{2}{3}=\frac{14}{3}$야!

$$\frac{14}{3} = \boxed{4}\frac{\boxed{2}}{\boxed{3}} \longleftrightarrow 4\frac{2}{3} = \frac{\boxed{3} \times \boxed{4} + \boxed{2}}{\boxed{3}} = \frac{\boxed{14}}{\boxed{3}}$$

$$\boxed{14} \div \boxed{3} = \boxed{4} \cdots \boxed{2}$$

01 $\dfrac{19}{5} = \boxed{}\dfrac{\boxed{}}{\boxed{}}$ $\longleftrightarrow$ $3\dfrac{4}{5} = \dfrac{\boxed{} \times \boxed{} + \boxed{}}{\boxed{}} = \dfrac{\boxed{}}{\boxed{}}$

$\boxed{} \div \boxed{} = \boxed{} \cdots \boxed{}$

02 $\dfrac{26}{3} = \boxed{}\dfrac{\boxed{}}{\boxed{}}$ $\longleftrightarrow$ $8\dfrac{2}{3} = \dfrac{\boxed{} \times \boxed{} + \boxed{}}{\boxed{}} = \dfrac{\boxed{}}{\boxed{}}$

$\boxed{} \div \boxed{} = \boxed{} \cdots \boxed{}$

03 $\dfrac{27}{4} = \boxed{}\dfrac{\boxed{}}{\boxed{}}$

$\boxed{} \div \boxed{} = \boxed{} \cdots \boxed{}$

04 $\dfrac{19}{6} = \boxed{}\dfrac{\boxed{}}{\boxed{}}$

$\boxed{} \div \boxed{} = \boxed{} \cdots \boxed{}$

05 $5\dfrac{1}{3} = \dfrac{\boxed{} \times \boxed{} + \boxed{}}{\boxed{}} = \dfrac{\boxed{}}{\boxed{}}$

06 $8\dfrac{2}{4} = \dfrac{\boxed{} \times \boxed{} + \boxed{}}{\boxed{}} = \dfrac{\boxed{}}{\boxed{}}$

✏️ 대분수는 가분수로, 가분수는 대분수로 나타내세요.

01 $2\dfrac{3}{8} =$

02 $4\dfrac{1}{3} =$

03 $4\dfrac{5}{6} =$

04 $1\dfrac{1}{2} =$

05 $1\dfrac{6}{7} =$

06 $3\dfrac{3}{4} =$

07 $5\dfrac{2}{8} =$

08 $6\dfrac{1}{9} =$

09 $2\dfrac{2}{3} =$

10 $7\dfrac{4}{6} =$

11 $3\dfrac{3}{5} =$

12 $5\dfrac{4}{7} =$

13 $\dfrac{29}{3} =$

14 $\dfrac{15}{2} =$

15 $\dfrac{57}{8} =$

16 $\dfrac{7}{5} =$

17 $\dfrac{33}{6} =$

18 $\dfrac{15}{4} =$

19 $\dfrac{21}{6} =$

20 $\dfrac{43}{9} =$

21 $\dfrac{41}{7} =$

22 $\dfrac{14}{3} =$

23 $\dfrac{47}{5} =$

24 $\dfrac{26}{4} =$

분모가 같은 분수의 크기를 비교해요

분수의 크기를 비교하여 ○ 안에 >, =, <를 알맞게 써넣으세요.

① $\frac{8}{4}$ ⟩ $\frac{5}{4}$

② $3\frac{5}{7}$ ⟨ $4\frac{6}{7}$

① 분모가 같은 진분수와 가분수는 분자가 클수록 더 큰 분수야~

② 분모가 같은 대분수에서는 먼저 자연수를 비교해! 자연수 부분이 클수록 큰 분수야~ 만약 자연수 부분이 같다면, 그땐 진분수 부분이 클수록 큰 분수지!

01 $\frac{7}{8}$ ○ $\frac{5}{8}$

02 $\frac{11}{6}$ ○ $\frac{13}{6}$

03 $\frac{4}{5}$ ○ $\frac{7}{5}$

04 $\frac{9}{8}$ ○ $\frac{6}{8}$

05 $\frac{10}{7}$ ○ $\frac{19}{7}$

06 $\frac{3}{9}$ ○ $\frac{2}{9}$

07 $5\frac{2}{9}$ ○ $5\frac{4}{9}$

08 $1\frac{6}{8}$ ○ $1\frac{3}{8}$

09 $5\frac{2}{7}$ ○ $4\frac{6}{7}$

10 $4\frac{2}{4}$ ○ $4\frac{1}{4}$

11 $2\frac{5}{7}$ ○ $2\frac{4}{7}$

12 $6\frac{2}{5}$ ○ $6\frac{4}{5}$

13 $8\frac{4}{6}$ ○ $9\frac{5}{6}$

14 $7\frac{1}{9}$ ○ $6\frac{3}{9}$

15 $2\frac{5}{8}$ ○ $2\frac{7}{8}$

😼 분수의 크기를 비교하여 ◯ 안에 >, =, <를 알맞게 써넣으세요.

가분수와 대분수의 크기를 비교할 때는,
비교하는 수를 모두 가분수 또는 대분수로
같게 만들어 보자!
그럼 더 정확하게 비교를 할 수 있어!

01 $\dfrac{15}{4}$ ◯ $3\dfrac{1}{4}$

$\updownarrow$ $\updownarrow$

$3\dfrac{3}{4}$ $\dfrac{13}{4}$

02 $\dfrac{20}{3}$ ◯ $6\dfrac{2}{3}$

03 $4\dfrac{3}{5}$ ◯ $\dfrac{24}{5}$

04 $3\dfrac{1}{8}$ ◯ $\dfrac{22}{8}$

05 $6\dfrac{3}{6}$ ◯ $\dfrac{41}{6}$

06 $\dfrac{25}{6}$ ◯ $2\dfrac{5}{6}$

07 $\dfrac{59}{7}$ ◯ $8\dfrac{6}{7}$

08 $\dfrac{21}{9}$ ◯ $4\dfrac{2}{9}$

09 $1\dfrac{2}{5}$ ◯ $\dfrac{9}{5}$

10 $8\dfrac{1}{3}$ ◯ $\dfrac{22}{3}$

11 $5\dfrac{1}{4}$ ◯ $\dfrac{22}{4}$

12 $\dfrac{23}{4}$ ◯ $5\dfrac{1}{4}$

13 $\dfrac{34}{5}$ ◯ $6\dfrac{4}{5}$

14 $\dfrac{71}{8}$ ◯ $9\dfrac{1}{8}$

15 $3\dfrac{2}{6}$ ◯ $\dfrac{13}{6}$

16 $5\dfrac{5}{9}$ ◯ $\dfrac{50}{9}$

17 $5\dfrac{3}{7}$ ◯ $\dfrac{31}{7}$

01 그림을 보고 □ 안에 알맞은 수를 써넣으세요.

15를 5씩 묶으면 □ 묶음이 됩니다. 10은 15의 □/□ 입니다.

02 그림을 보고 □ 안에 알맞은 수를 써넣으세요.

24의 $\frac{1}{3}$은 □ 입니다.   24의 $\frac{2}{4}$는 □ 입니다.

24의 $\frac{5}{6}$는 □ 입니다.   24의 $\frac{3}{8}$은 □ 입니다.

03 조건에 맞는 분수를 찾아 ○표 하세요.

분모와 분자의 합이 17이고 가분수입니다. $\frac{9}{7}$ $\frac{5}{12}$ $\frac{9}{8}$

분모와 분자의 합이 14이고 진분수입니다. $\frac{6}{7}$ $\frac{6}{8}$ $\frac{9}{5}$

04 그림을 보고 □ 안에 알맞은 수를 써넣으세요.

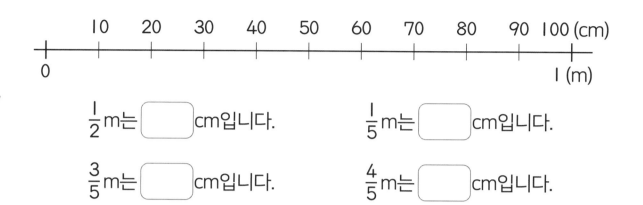

$\frac{1}{2}$m는 □cm입니다.　　$\frac{1}{5}$m는 □cm입니다.

$\frac{3}{5}$m는 □cm입니다.　　$\frac{4}{5}$m는 □cm입니다.

05 수 카드 3장 중 2장을 골라 만들 수 있는 가분수를 모두 쓰고, 각각 대분수로 바꾸어 나타내세요.

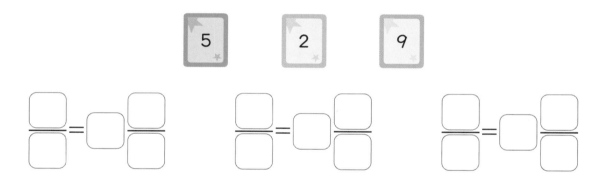

06 분수의 크기를 비교하여 ○ 안에 >, =, <를 알맞게 써넣으세요.

$\frac{7}{3}$ ○ $1\frac{2}{3}$　　　　$\frac{41}{6}$ ○ $6\frac{4}{6}$　　　　$\frac{30}{7}$ ○ $4\frac{5}{7}$

07 영랑이네 농장 닭들이 오늘 하루에 낳은 달걀은 모두 42개입니다. 영랑이가 42개의 $\frac{2}{3}$만큼의 달걀을 친구에게 주었다면 친구에게 주고 남은 달걀은 모두 몇 개일까요?

답 : _____ 개

색종이를 두 번 접어서 직각삼각형 4개를 만들 수 있습니다.

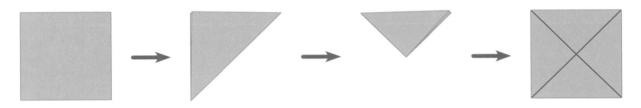

위와 다른 방법으로 색종이를 두 번 접어서 직각삼각형 4개를 만들고 선을 그려 나타내세요.

들이와 무게

PART 4

차시별로 정답률을 확인하고, 성취도에 O표 하세요.

😊 80% 이상 맞혔어요.   😐 60% ~ 80% 맞혔어요.   😟 60% 이하 맞혔어요.

차시	단원	성취도		
27	들이와 무게의 단위	😊	😐	😟
28	들이의 덧셈과 뺄셈	😊	😐	😟
29	들이의 덧셈과 뺄셈 연습	😊	😐	😟
30	무게의 덧셈과 뺄셈	😊	😐	😟
31	무게의 덧셈과 뺄셈 연습	😊	😐	😟
32	들이와 무게 연습	😊	😐	😟

들이와 무게를 비교하기 위해서는 단위에 대한 정확한 이해가 필요합니다.

들이는 주전자나 물병 같은 그릇 안쪽의 공간의 크기를 말하며 들이의 단위에는 리터와 밀리리터 등이 있습니다. 1 리터는 1 L, 1 밀리리터는 1 mL 라고 씁니다.
1 L 는 1000 mL와 같습니다.

이만큼의 양을 1 L라고 하는구나!

1 L 보다 400 mL 더 많은 들이를 1 L 400 mL라 쓰고 1 리터 400 밀리리터라고 읽습니다.
1 L 는 1000 mL와 같으므로 1 L 400 mL는 1400 mL입니다.

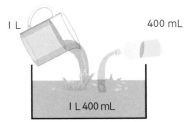

$$1 \text{ L } 400 \text{ mL} = 1000 \text{ mL} + 400 \text{ mL} = 1400 \text{ mL}$$

📝 □ 안에 알맞은 수를 써넣으세요.

01 1 L 600 mL = ☐ mL + ☐ mL = ☐ mL

02 4 L 50 mL = ☐ mL + ☐ mL = ☐ mL

03 3 L 280 mL = ☐ mL + ☐ mL = ☐ mL

04 3500 mL = ☐ mL + ☐ mL = ☐ L ☐ mL

05 8010 mL = ☐ mL + ☐ mL = ☐ L ☐ mL

🐿️ ☐ 안에 알맞은 수를 써넣으세요.

01 7 L 400 mL = ☐ mL

02 3 L 100 mL = ☐ mL

03 9 L 600 mL = ☐ mL

04 7 L 580 mL = ☐ mL

05 2 L 490 mL = ☐ mL

06 4 L 700 mL = ☐ mL

07 9 L 10 mL = ☐ mL

08 4 L 470 mL = ☐ mL

09 4930 mL = ☐ L ☐ mL

10 8080 mL = ☐ L ☐ mL

11 6100 mL = ☐ L ☐ mL

12 3500 mL = ☐ L ☐ mL

13 6700 mL = ☐ L ☐ mL

14 7030 mL = ☐ L ☐ mL

15 2530 mL = ☐ L ☐ mL

16 1840 mL = ☐ L ☐ mL

27 Ⓑ 무게의 단위 사이의 관계도 공부해 볼까요?

무게는 물건의 무거운 정도를 말하며, 무게의 단위에는 킬로그램, 그램, 톤 등이 있습니다.
1 킬로그램은 1 kg, 1 그램은 1 g 이라고 씁니다. 1 kg은 1000 g과 같습니다.

1 kg보다 600 g 더 무거운 무게를 1 kg 600 g이라 쓰고 1 킬로그램 600 그램이라고
읽습니다. 1 kg은 1000 g과 같으므로 1 kg 600 g은 1600 g입니다.

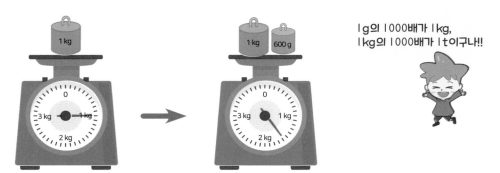

1 kg = 1000 g   1 kg 600 g = 1000 g + 600 g = 1600 g

1 g의 1000배가 1 kg,
1 kg의 1000배가 1 t이구나!!

1000 kg의 무게를 1 t 이라 쓰고, 1 톤이라 읽습니다. 1 t은 1000 kg과 같습니다.

$$1 \ t = 1000 \ kg$$
$$1 \ kg = 1000 \ g$$

🔑 □ 안에 알맞은 수를 써넣으세요.

01 3 kg 700 g = □ g + □ g = □ g

02 9 kg 340 g = □ g + □ g = □ g

03 4 kg 500 g = □ g + □ g = □ g

04 7 t 60 kg = □ kg + □ kg = □ kg

05 4 t 250 kg = □ kg + □ kg = □ kg

😮! □ 안에 알맞은 수를 써넣으세요.

단위가 3개이니
실수하지 않도록 주의하자!

01 3 kg 300 g = □ g

02 6 kg 50 g = □ g

03 2 kg 500 g = □ g

04 3 kg 200 g = □ g

05 4 t 540 kg = □ kg

06 3 t 780 kg = □ kg

07 8 t 100 kg = □ kg

08 9 t 60 kg = □ kg

09 4210 g = □ kg □ g

10 9200 g = □ kg □ g

11 3800 g = □ kg □ g

12 3020 g = □ kg □ g

13 1700 kg = □ t □ kg

14 8830 kg = □ t □ kg

15 1470 kg = □ t □ kg

16 5020 kg = □ t □ kg

L는 L끼리, mL는 mL끼리 계산합니다. 만약 mL끼리의 합이 1000보다 크거나 같으면 1000 mL를 1 L로 받아올림하여 계산합니다.

들이의 계산에서는 받아올림의 기준이 100 mL가 아니라 1000 mL라는 것을 꼭 기억하자!

$$
\begin{array}{r}
\overset{1}{7}\ \text{L} \ \vdots\ 500\ \text{mL} \\
+\ 9\ \text{L} \ \vdots\ 600\ \text{mL} \\
\hline
17\ \text{L} \ \vdots\ 100\ \text{mL}
\end{array}
$$

더하는 들이와 더해지는 들이를 표현한 단위가 다를 경우, 작은 단위인 mL로 모두 바꾸어 더한 후 그 값을 다시 L와 mL를 사용하여 나타내는 방법으로도 계산할 수 있습니다.

2690 mL + 8 L 750 mL = ⎡2690⎤ mL + ⎡8750⎤ mL = ⎡11440⎤ mL

= ⎡11⎤ L ⎡440⎤ mL

꒰ ☐ 안에 알맞은 수를 써넣으세요.

01

$$
\begin{array}{r}
5\ \text{L} \ \vdots\ 700\ \text{mL} \\
+\ 2\ \text{L} \ \vdots\ 200\ \text{mL} \\
\hline
\boxed{}\ \text{L} \ \vdots\ \boxed{}\ \text{mL}
\end{array}
$$

02

$$
\begin{array}{r}
9\ \text{L} \ \vdots\ 300\ \text{mL} \\
+\ 6\ \text{L} \ \vdots\ 900\ \text{mL} \\
\hline
\boxed{}\ \text{L} \ \vdots\ \boxed{}\ \text{mL}
\end{array}
$$

03

$$
\begin{array}{r}
4\ \text{L} \ \vdots\ 310\ \text{mL} \\
+\ 9\ \text{L} \ \vdots\ 850\ \text{mL} \\
\hline
\boxed{}\ \text{L} \ \vdots\ \boxed{}\ \text{mL}
\end{array}
$$

04 930 mL + 3 L 480 mL = ☐ mL + ☐ mL = ☐ mL

= ☐ L ☐ mL

05 1490 mL + 5 L 620 mL = ☐ mL + ☐ mL = ☐ mL

= ☐ L ☐ mL

😀 계산하세요.

01

```
    8 L    800 mL
+   3 L    700 mL
───────────────────
       L        mL
```

02

```
    5 L    540 mL
+   7 L    430 mL
───────────────────
```

03

```
    4 L    820 mL
+   4 L    650 mL
───────────────────
```

04

```
    6 L    360 mL
+   9 L     80 mL
───────────────────
```

05

```
    6 L    910 mL
+   2 L    380 mL
───────────────────
```

06

```
    7 L     30 mL
+   6 L    900 mL
───────────────────
```

07 4 L 800 mL＋6 L 600 mL＝   L   mL

08 8 L 40 mL＋5 L 390 mL＝

09 2 L 500 mL＋6 L 880 mL＝

10 4 L 590 mL＋7050 mL＝

11 3 L 400 mL＋4840 mL＝

12 5 L 660 mL＋950 mL＝

28 Ⓑ 같은 단위끼리 빼요

L는 L끼리, mL는 mL끼리 계산합니다. mL끼리 뺄 수 없는 경우에는 1 L를 1000 mL로 받아내림하여 계산합니다.

$$
\begin{array}{r}
\overset{5}{\cancel{6}} \text{ L} \quad \overset{1000}{200} \text{ mL} \\
- \quad 1 \text{ L} \quad 800 \text{ mL} \\
\hline
4 \text{ L} \quad 400 \text{ mL}
\end{array}
$$

받아내림을 할 때도 100 mL가 아닌 1000 mL씩 한다는 것 잊지 않기! 실수하지 않도록 조심하자!

덧셈과 마찬가지로 들이를 표현한 단위가 다를 경우, 작은 단위인 mL로 모두 바꾸어 뺀 후 그 값을 다시 L와 mL를 사용하여 나타내는 방법으로도 계산할 수 있습니다.

5810 mL − 1 L 90 mL = ⟨5810⟩ mL − ⟨1090⟩ mL = ⟨4720⟩ mL

= ⟨4⟩ L ⟨720⟩ mL

☞ □ 안에 알맞은 수를 써넣으세요.

01
$$
\begin{array}{r}
8 \text{ L} \quad 300 \text{ mL} \\
- \quad 4 \text{ L} \quad 600 \text{ mL} \\
\hline
\square \text{ L} \quad \square \text{ mL}
\end{array}
$$

02
$$
\begin{array}{r}
9 \text{ L} \quad 810 \text{ mL} \\
- \quad 5 \text{ L} \quad 350 \text{ mL} \\
\hline
\square \text{ L} \quad \square \text{ mL}
\end{array}
$$

03
$$
\begin{array}{r}
7 \text{ L} \quad 210 \text{ mL} \\
- \quad 1 \text{ L} \quad 530 \text{ mL} \\
\hline
\square \text{ L} \quad \square \text{ mL}
\end{array}
$$

04 9900 mL − 4 L 540 mL = ⬚ mL − ⬚ mL = ⬚ mL

= ⬚ L ⬚ mL

05 8340 mL − 6 L 680 mL = ⬚ mL − ⬚ mL = ⬚ mL

= ⬚ L ⬚ mL

🗣️ 계산하세요.

01

$$\begin{array}{r} 3\ \text{L} \quad 600\ \text{mL} \\ -\ 1\ \text{L} \quad 700\ \text{mL} \\ \hline \quad\quad \text{L} \quad\quad\ \text{mL} \end{array}$$

02

$$\begin{array}{r} 8\ \text{L} \quad 320\ \text{mL} \\ -\ 5\ \text{L} \quad 500\ \text{mL} \\ \hline \end{array}$$

03

$$\begin{array}{r} 7\ \text{L} \quad 420\ \text{mL} \\ -\ 5\ \text{L} \quad 860\ \text{mL} \\ \hline \end{array}$$

04

$$\begin{array}{r} 7\ \text{L} \quad 10\ \text{mL} \\ -\ 3\ \text{L} \quad 820\ \text{mL} \\ \hline \end{array}$$

05

$$\begin{array}{r} 9\ \text{L} \quad 520\ \text{mL} \\ -\ 2\ \text{L} \quad 670\ \text{mL} \\ \hline \end{array}$$

06

$$\begin{array}{r} 6\ \text{L} \quad 160\ \text{mL} \\ -\ 1\ \text{L} \quad 80\ \text{mL} \\ \hline \end{array}$$

07 5 L 280 mL − 1 L 820 mL =   L   mL

08 9 L 300 mL − 3 L 40 mL =

09 6 L 480 mL − 4 L 690 mL =

10 9 L 700 mL − 5830 mL =

11 3 L 50 mL − 1320 mL =

12 6 L 510 mL − 4240 mL =

29 Ⓐ 받아올림에 주의하며 연습해요

🔍 두 들이의 합은 몇 L 몇 mL인지 구하세요.

01

3 L 900 mL
6 L 450 mL

02

3 L 390 mL
4 L 740 mL

03

7 L 510 mL
2 L 30 mL

04

5 L 740 mL
9720 mL

05

8780 mL
4 L 540 mL

06

7 L 900 mL
4180 mL

07

5 L 630 mL
4 L 110 mL

08

2 L 790 mL
6130 mL

09

4 L 80 mL
7 L 520 mL

10

9070 mL
1 L 640 mL

11

7150 mL
4 L 90 mL

12

1 L 720 mL
6860 mL

🐣 계산하세요.

01 7 L 420 mL＋4 L 720 mL＝   L   mL

02 9 L 440 mL＋2 L 910 mL＝

03 5 L 270 mL＋5830 mL＝

04 7050 mL＋6 L 40 mL＝

05 5 L 670 mL＋1 L 700 mL＝

06 6 L 40 mL＋4470 mL＝

07 8 L 560 mL＋3 L 730 mL＝

08 5 L 450 mL＋4020 mL＝

09 1 L 220 mL＋1 L 760 mL＝

10 8 L 760 mL＋580 mL＝

11 2 L 650 mL＋5 L 540 mL＝

12 3380 mL＋8 L 50 mL＝

두 들이의 차는 몇 L 몇 mL인지 구하세요.

01

3870 mL
1 L 930 mL

02

6950 mL
5 L 510 mL

03

8 L 600 mL
3040 mL

04

5 L 880 mL
2 L 980 mL

05

6 L 50 mL
3 L 270 mL

06

9 L 920 mL
5 L 460 mL

07

8 L 700 mL
3850 mL

08

4 L 630 mL
1790 mL

09

9930 mL
2 L 250 mL

10

6 L 190 mL
1 L 160 mL

11

7 L 920 mL
3 L 50 mL

12

9 L 360 mL
2 L 700 mL

🔢 계산하세요.

01 4 L 700 mL－1 L 430 mL＝   L   mL

02 7 L 340 mL－1 L 520 mL＝

03 9660 mL－3 L 230 mL＝

04 4 L 130 mL－2 L 620 mL＝

05 9090 mL－3 L 370 mL＝

06 3 L 520 mL－1820 mL＝

07 8 L 380 mL－4910 mL＝

08 7 L 660 mL－2 L 790 mL＝

09 8 L 120 mL－5 L 70 mL＝

10 4 L 830 mL－2 L 750 mL＝

11 6 L 330 mL－4470 mL＝

12 7060 mL－2 L 790 mL＝

kg은 kg끼리, g은 g끼리 계산합니다. 만약 g끼리의 합이 1000보다 크거나 같으면 1000 g을 1 kg으로 받아올림하여 계산합니다.

무게의 덧셈에서도 g에서 kg이 되는 받아올림의 기준은 1000이라는 것을 기억하자!

$$
\begin{array}{r|r}
 1 & \\
 6 \ \text{kg} & 200 \ \text{g} \\
+ \ 6 \ \text{kg} & 900 \ \text{g} \\
\hline
13 \ \text{kg} & 100 \ \text{g}
\end{array}
$$

더하는 무게와 더해지는 무게를 표현한 단위가 다를 경우, 작은 단위인 g으로 모두 바꾸어 더한 후 그 값을 다시 kg과 g을 사용하여 나타내는 방법으로도 계산할 수 있습니다.

5450 g + 2 kg 50 g = ⎡5450⎤ g + ⎡2050⎤ g = ⎡7500⎤ g
= ⎡7⎤ kg ⎡500⎤ g

🐛 □ 안에 알맞은 수를 써넣으세요.

01
$$
\begin{array}{r|r}
 6 \ \text{kg} & 400 \ \text{g} \\
+ \ 7 \ \text{kg} & 800 \ \text{g} \\
\hline
\boxed{} \ \text{kg} & \boxed{} \ \text{g}
\end{array}
$$

02
$$
\begin{array}{r|r}
 2 \ \text{kg} & 10 \ \text{g} \\
+ \ 8 \ \text{kg} & 640 \ \text{g} \\
\hline
\boxed{} \ \text{kg} & \boxed{} \ \text{g}
\end{array}
$$

03
$$
\begin{array}{r|r}
 6 \ \text{kg} & 380 \ \text{g} \\
+ \ 7 \ \text{kg} & 880 \ \text{g} \\
\hline
\boxed{} \ \text{kg} & \boxed{} \ \text{g}
\end{array}
$$

04
$$
\begin{array}{r|r}
 4 \ \text{kg} & 750 \ \text{g} \\
+ \ 6 \ \text{kg} & 350 \ \text{g} \\
\hline
\boxed{} \ \text{kg} & \boxed{} \ \text{g}
\end{array}
$$

05
$$
\begin{array}{r|r}
 7 \ \text{kg} & 190 \ \text{g} \\
+ \ 8 \ \text{kg} & 780 \ \text{g} \\
\hline
\boxed{} \ \text{kg} & \boxed{} \ \text{g}
\end{array}
$$

06
$$
\begin{array}{r|r}
 2 \ \text{kg} & 290 \ \text{g} \\
+ \ 5 \ \text{kg} & 860 \ \text{g} \\
\hline
\boxed{} \ \text{kg} & \boxed{} \ \text{g}
\end{array}
$$

🐰 계산하세요.

01

	6 kg	150 g
+	7 kg	900 g
	kg	g

02

	4 kg	780 g
+	8 kg	360 g

03

	5 kg	90 g
+	7 kg	840 g

04

	5 kg	450 g
+	2 kg	660 g

05

	8 kg	780 g
+	6 kg	830 g

06

	6 kg	320 g
+	5 kg	50 g

07 5 kg 640 g + 2 kg 880 g =　　　　 kg　　　　 g

08 1 kg 30 g + 9 kg 160 g =

09 3 kg 390 g + 4 kg 630 g =

10 6 kg 550 g + 2750 g =

11 9 kg 210 g + 5960 g =

12 3 kg 800 g + 8080 g =

30 B 같은 단위끼리 빼요

kg은 kg끼리, g은 g끼리 계산합니다. g끼리 뺄 수 없는 경우에는 1 kg을 1000 g으로 받아내림하여 계산합니다.

$$
\begin{array}{r@{\ }l | r@{\ }l}
\overset{3}{\cancel{4}}\ \text{kg} & & \overset{1000}{300}\ \text{g} \\
-\quad 1\ \text{kg} & & 600\ \text{g} \\
\hline
2\ \text{kg} & & 700\ \text{g}
\end{array}
$$

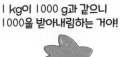

1 kg이 1000 g과 같으니 1000을 받아내림하는 거야!

덧셈과 마찬가지로 무게를 표현한 단위가 다를 경우, 작은 단위인 g으로 모두 바꾸어 뺀 후 그 값을 다시 kg과 g을 사용하여 나타내는 방법으로도 계산할 수 있습니다.

6700 g − 3 kg 970 g = 6700 g − 3970 g = 2730 g

= 2 kg 730 g

🐦 □ 안에 알맞은 수를 써넣으세요.

01

$$
\begin{array}{r@{\ }l | r@{\ }l}
8\ \text{kg} & & 700\ \text{g} \\
-\quad 6\ \text{kg} & & 900\ \text{g} \\
\hline
\boxed{\ }\ \text{kg} & & \boxed{\ }\ \text{g}
\end{array}
$$

02

$$
\begin{array}{r@{\ }l | r@{\ }l}
5\ \text{kg} & & 240\ \text{g} \\
-\quad 3\ \text{kg} & & 400\ \text{g} \\
\hline
\boxed{\ }\ \text{kg} & & \boxed{\ }\ \text{g}
\end{array}
$$

03

$$
\begin{array}{r@{\ }l | r@{\ }l}
7\ \text{kg} & & 250\ \text{g} \\
-\quad 1\ \text{kg} & & 860\ \text{g} \\
\hline
\boxed{\ }\ \text{kg} & & \boxed{\ }\ \text{g}
\end{array}
$$

04

$$
\begin{array}{r@{\ }l | r@{\ }l}
3\ \text{kg} & & 930\ \text{g} \\
-\quad 2\ \text{kg} & & 670\ \text{g} \\
\hline
\boxed{\ }\ \text{kg} & & \boxed{\ }\ \text{g}
\end{array}
$$

05

$$
\begin{array}{r@{\ }l | r@{\ }l}
9\ \text{kg} & & 800\ \text{g} \\
-\quad 5\ \text{kg} & & 930\ \text{g} \\
\hline
\boxed{\ }\ \text{kg} & & \boxed{\ }\ \text{g}
\end{array}
$$

06

$$
\begin{array}{r@{\ }l | r@{\ }l}
5\ \text{kg} & & 480\ \text{g} \\
-\quad 1\ \text{kg} & & 740\ \text{g} \\
\hline
\boxed{\ }\ \text{kg} & & \boxed{\ }\ \text{g}
\end{array}
$$

🐌 계산하세요.

01

$$\begin{array}{r} 7 \text{ kg} \quad 100 \text{ g} \\ - \ 2 \text{ kg} \quad 300 \text{ g} \\ \hline \quad \text{kg} \qquad \text{g} \end{array}$$

02

$$\begin{array}{r} 8 \text{ kg} \quad 420 \text{ g} \\ - \ 2 \text{ kg} \quad 130 \text{ g} \\ \hline \end{array}$$

03

$$\begin{array}{r} 9 \text{ kg} \quad 260 \text{ g} \\ - \ 6 \text{ kg} \quad 560 \text{ g} \\ \hline \end{array}$$

04

$$\begin{array}{r} 7 \text{ kg} \quad 100 \text{ g} \\ - \ 1 \text{ kg} \quad 930 \text{ g} \\ \hline \end{array}$$

05

$$\begin{array}{r} 6 \text{ kg} \quad 80 \text{ g} \\ - \ 3 \text{ kg} \quad 740 \text{ g} \\ \hline \end{array}$$

06

$$\begin{array}{r} 9 \text{ kg} \quad 790 \text{ g} \\ - \ 5 \text{ kg} \quad 810 \text{ g} \\ \hline \end{array}$$

07 6 kg 240 g − 3 kg 290 g ＝   kg   g

08 8 kg 520 g − 2 kg 970 g ＝

09 5 kg 460 g − 1 kg 350 g ＝

10 7 kg 630 g − 1090 g ＝

11 8 kg 320 g − 4870 g ＝

12 9 kg 90 g − 5270 g ＝

🏋 두 무게의 합은 몇 kg 몇 g인지 구하세요.

01

| 8 kg 120 g |
| 3 kg 440 g |
| |

02

| 4 kg 890 g |
| 7 kg 990 g |
| |

03

| 1 kg 360 g |
| 8 kg 500 g |
| |

04

| 3020 g |
| 1 kg 160 g |
| |

05

| 5 kg 120 g |
| 4980 g |
| |

06

| 9 kg 220 g |
| 5490 g |
| |

07

| 3 kg 900 g |
| 4 kg 120 g |
| |

08

| 8 kg 50 g |
| 7 kg 250 g |
| |

09

| 6 kg 750 g |
| 4 kg 380 g |
| |

10

| 9 kg 450 g |
| 8890 g |
| |

11

| 5950 g |
| 7 kg 230 g |
| |

12

| 2580 g |
| 8 kg 600 g |
| |

🎵 계산하세요.

01 7 kg 690 g + 2 kg 390 g = ⬜ kg ⬜ g

02 8 kg 960 g + 3790 g =

03 9 kg 340 g + 9 kg 310 g =

04 8 kg 10 g + 8490 g =

05 3 kg 290 g + 2 kg 860 g =

06 9 kg 750 g + 2490 g =

07 4 kg 450 g + 6 kg 940 g =

08 3800 g + 4 kg 520 g =

09 2 kg 470 g + 7 kg 550 g =

10 7 kg 420 g + 1 kg 830 g =

11 4080 g + 9 kg 680 g =

12 3300 g + 5 kg 530 g =

🦴 두 무게의 차는 몇 kg 몇 g인지 구하세요.

01

| 5 kg 490 g |
| 1 kg 540 g |
| |

02

| 2 kg 750 g |
| 1 kg 310 g |
| |

03

| 4 kg 860 g |
| 2 kg 910 g |
| |

04

| 6020 g |
| 3 kg 870 g |
| |

05

| 5 kg 180 g |
| 2350 g |
| |

06

| 6 kg 810 g |
| 2690 g |
| |

07

| 7 kg 570 g |
| 4 kg 530 g |
| |

08

| 9 kg 10 g |
| 2 kg 150 g |
| |

09

| 8 kg 510 g |
| 3 kg 370 g |
| |

10

| 7600 g |
| 5 kg 240 g |
| |

11

| 9 kg 290 g |
| 4740 g |
| |

12

| 4370 g |
| 1 kg 750 g |
| |

계산하세요.

01 9 kg 80 g − 2 kg 310 g =   kg   g

02 9660 g − 2 kg 570 g =

03 7 kg 570 g − 2 kg 530 g =

04 5800 g − 2 kg 340 g =

05 6660 g − 4 kg 830 g =

06 6 kg 430 g − 1860 g =

07 7 kg 150 g − 3 kg 730 g =

08 3 kg 80 g − 1 kg 130 g =

09 8 kg 290 g − 4 kg 840 g =

10 9 kg 650 g − 4 kg 690 g =

11 5 kg 580 g − 3120 g =

12 8 kg 760 g − 1990 g =

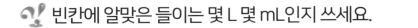 빈칸에 알맞은 들이는 몇 L 몇 mL인지 쓰세요.

[1 L ⟷ 1000 mL]
단위 사이의 관계를 기억하며 풀어 보자~

01

5 L 810 mL   +8 L 580 mL

02

7 L 440 mL   −4910 mL

03

5 L 830 mL   +1720 mL

04

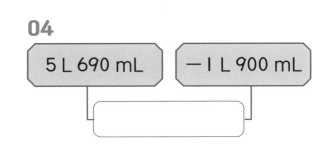

5 L 690 mL   −1 L 900 mL

05

2820 mL   +3 L 740 mL

06

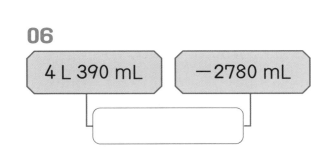

4 L 390 mL   −2780 mL

07

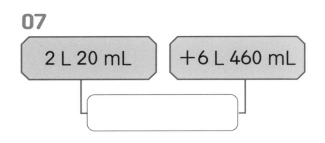

2 L 20 mL   +6 L 460 mL

08

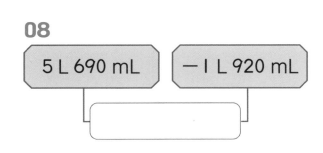

5 L 690 mL   −1 L 920 mL

09

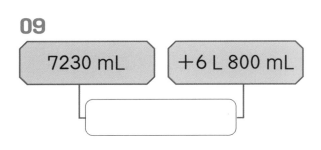

7230 mL   +6 L 800 mL

10

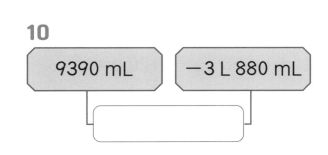

9390 mL   −3 L 880 mL

🐰 빈칸에 알맞은 무게는 몇 kg 몇 g인지 쓰세요.

[1 kg ◄──► 1000 g]
단위를 어떻게 바꾸는 것이 더
편할지 생각하며 풀어 보자!

01

6 kg 650 g	+6 kg 30 g

02

4 kg 310 g	−1790 g

03

8310 g	+6 kg 800 g

04

6 kg 30 g	−4 kg 830 g

05

5 kg 670 g	+2 kg 370 g

06

4 kg 670 g	−1850 g

07

7 kg 950 g	+8300 g

08

8740 g	−6 kg 680 g

09

9 kg 440 g	+5710 g

10

9 kg 430 g	−5 kg 790 g

01 □ 안에 알맞은 수를 써넣으세요.

9 L 30 mL는 [   ] mL와 같습니다.

2850 mL는 [   ] L [   ] mL와 같습니다.

02 다음 중 들이가 가장 많은 것부터 순서대로 기호를 쓰세요.

> ㉠ I L 200 mL   ㉡ 4020 mL   ㉢ 420 mL   ㉣ 40 L

03 같은 무게끼리 연결하세요.

6000 kg	•	•	6050 g
6 kg 50 g	•	•	6500 g
6 kg 500 g	•	•	6 t

04 계산하세요.

$$\begin{array}{r} 7\ kg\quad 540\ g \\ +\ 9\ kg\quad 630\ g \\ \hline \end{array}$$

$$\begin{array}{r} 9\ kg\quad 420\ g \\ -\ 2\ kg\quad 600\ g \\ \hline \end{array}$$

05 계산하세요.

$$
\begin{array}{r}
3\ \text{L} \quad 240\ \text{mL} \\
+\ 7\ \text{L} \quad 840\ \text{mL} \\
\hline
\end{array}
\qquad
\begin{array}{r}
6\ \text{L} \quad 250\ \text{mL} \\
-\ 1\ \text{L} \quad 640\ \text{mL} \\
\hline
\end{array}
$$

06 kg과 g 중에서 알맞은 단위를 골라 ☐ 안에 써넣으세요.

연필의 한 자루의 무게는 약 5 ☐ 입니다.

코끼리 한 마리의 무게는 약 4000 ☐ 입니다.

농구공 한 개의 무게는 약 600 ☐ 입니다.

수박 한 통의 무게는 약 5 ☐ 입니다.

07 4 L까지 담을 수 있는 물통이 있습니다. 이 물통에 2 L 500 mL의 물이 담겨 있다면 몇 L 몇 mL의 물을 더 담을 수 있을까요?

답 : _____ L _____ mL

08 시온이와 현지가 딴 귤을 합하면 무게가 18 kg입니다. 시온이가 딴 귤의 무게는 현지가 딴 귤의 무게보다 2 kg 더 무겁습니다. 현지가 딴 귤의 무게는 몇 kg일까요?

답 : _____ kg

다음과 같이 여러 가지 물건들을 저울 양쪽에 올려놓았을 때, 두 저울 모두 어느 쪽으로도 기울어지지 않았습니다. 똑같은 저울에 지우개 9개를 올려놓고 어느 쪽으로도 기울어지지 않게 하려면 몇 개의 가위가 필요할까요?

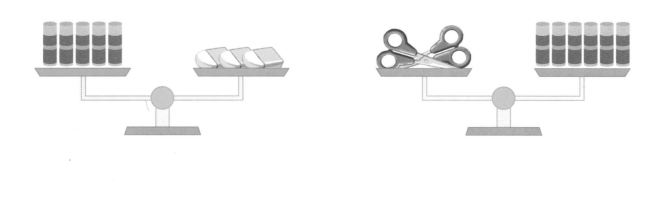

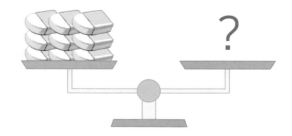

PART 1. 곱셈

01A ▶ 10쪽

01 488
02 200, 10, 3, 600, 30, 9, 639
03 400, 30, 1, 800, 60, 2, 862
04 300, 30, 1, 900, 90, 3, 993

▶ 11쪽

01 444   02 933
03 824   04 428
05 484   06 693
07 228   08 868
09 393   10 648
11 699   12 969
13 626   14 884
15 264   16 486

01B ▶ 12쪽

01 800, 120, 4   02 1200, 40, 8
   924   1248
03 600, 180, 9   04 1200, 30, 3
   789   1233

▶ 13쪽

         01 456
02 972   03 955
04 528   05 388
06 654   07 496
08 1248   09 2084
10 968   11 672
12 483   13 957
14 1026   15 753

02A ▶ 14쪽

01 868   02 819   03 966
04 1526   05 3249   06 1968
07 1325   08 1344   09 2802

▶ 15쪽

01 507   02 1328   03 1290
04 1152   05 1267   06 1220
07 700   08 1752   09 874
10 1476   11 2385   12 4424

02B ▶ 16쪽

01 1030   02 3048   03 1710
04 3353   05 1452   06 1368

07 513   08 2632   09 546
10 3402   11 856   12 1720
13 1568   14 924   15 1105

▶ 17쪽

01 470   02 935   03 1460
04 846   05 2219   06 4221
07 1264   08 696   09 921
10 1143   11 1064   12 1216
13 744   14 2380   15 1477

03A ▶ 18쪽

01 4151   02 2070
03 670   04 1011
05 392   06 672
07 2592   08 1092
09 3141   10 1164
11 1788   12 4149
13 966   14 2338
15 1128   16 620

▶ 19쪽

01 1870   02 962, 546
03 3352, 1288   04 1412, 968
05 1326, 582   06 3006, 2295
07 2282, 994   08 666, 1734
09 561, 678   10 1316, 1656

03B ▶ 20쪽

01 1728   02 882
03 1704   04 1416
05 1374   06 976
07 562   08 1107
09 268   10 2340
11 1431   12 1146
13 1590   14 3288
15 2275   16 918

▶ 21쪽

         01 1120
02 612   03 1908
04 1204   05 1968
06 1365   07 1842
08 1662   09 720
10 1245   11 1224

04A ▶ 22쪽

01 25, 250, 2500
02 21, 210, 2100
03 36, 360, 3600
04 24, 240, 2400
05 15, 150, 1500
06 14, 140, 1400
07 56, 560, 5600

▶ 23쪽

         01 3500
02 4200   03 800
04 3200   05 3000
06 900   07 1400
08 6300   09 1600
10 2800   11 8100
12 1200   13 2700
14 3600   15 6400

04B ▶ 24쪽

01 92   02 108   03 98
   920   1080   980
04 128   05 48   06 232
   1280   480   2320
07 343   08 304   09 75
   3430   3040   750

▶ 25쪽

         01 840
02 2600   03 2160   04 3400
05 1890   06 960   07 2160
08 2100   09 640   10 2730
11 1060   12 910   13 2220

05A ▶ 26쪽

01 180, 24, 204   02 70, 3
                 140, 6, 146
03 30, 9   04 20, 6
   90, 27, 117   100, 30, 130
05 40, 8   06 50, 2
   280, 56, 336   400, 16, 416

▶ 27쪽

01 120, 18, 138   02 240, 48, 288
03 280, 28, 308   04 350, 30, 380
05 240, 3, 243   06 60, 18, 78
07 100, 8, 108   08 360, 36, 396
09 300, 40, 340   10 80, 28, 108
11 360, 16, 376   12 120, 9, 129

▶ 135쪽

01	02	03
4 kg 800 g	6 kg 290 g	2 kg 700 g
04	05	06
5 kg 170 g	2 kg 340 g	3 kg 980 g

07 2 kg 950 g
08 5 kg 550 g
09 4 kg 110 g
10 6 kg 540 g
11 3 kg 450 g
12 3 kg 820 g

31A ▶ 136쪽

01	02	03
11 kg 560 g	12 kg 880 g	9 kg 860 g
04	05	06
4 kg 180 g	10 kg 100 g	14 kg 710 g
07	08	09
8 kg 20 g	15 kg 300 g	11 kg 130 g
10	11	12
18 kg 340 g	13 kg 180 g	11 kg 180 g

▶ 137쪽

01 10 kg 80 g
02 12 kg 750 g
03 18 kg 650 g
04 16 kg 500 g
05 6 kg 150 g
06 12 kg 240 g
07 11 kg 390 g
08 8 kg 320 g
09 10 kg 20 g
10 9 kg 250 g
11 13 kg 760 g
12 8 kg 830 g

31B ▶ 138쪽

01	02	03
3 kg 950 g	1 kg 440 g	1 kg 950 g
04	05	06
2 kg 150 g	2 kg 830 g	4 kg 120 g
07	08	09
3 kg 40 g	6 kg 860 g	5 kg 140 g
10	11	12
2 kg 360 g	4 kg 550 g	2 kg 620 g

▶ 139쪽

01 6 kg 770 g
02 7 kg 90 g
03 5 kg 40 g
04 3 kg 460 g
05 1 kg 830 g
06 4 kg 570 g
07 3 kg 420 g
08 1 kg 950 g
09 3 kg 450 g
10 4 kg 960 g
11 2 kg 460 g
12 6 kg 770 g

32A ▶ 140쪽

01 14 L 390 mL	02 2 L 530 mL
03 7 L 550 mL	04 3 L 790 mL
05 6 L 560 mL	06 1 L 610 mL
07 8 L 480 mL	08 3 L 770 mL
09 14 L 30 mL	10 5 L 510 mL

▶ 141쪽

01 12 kg 680 g	02 2 kg 520 g
03 15 kg 110 g	04 1 kg 200 g
05 8 kg 40 g	06 2 kg 820 g
07 16 kg 250 g	08 2 kg 60 g
09 15 kg 150 g	10 3 kg 640 g

교과에선 이런 문제를 다루어요 ▶ 142쪽

01 9030, 2, 850
02 ㄹ, ㄴ, ㄱ, ㄷ

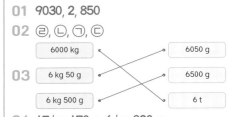

03

6000 kg		6050 g
6 kg 50 g		6500 g
6 kg 500 g		6 t

04 17 kg 170 g, 6 kg 820 g
05 11 L 80 mL, 4 L 610 mL
06 g, kg, g, kg
07 1, 500
08 8

Quiz Quiz ▶ 144쪽

양쪽의 물건의 개수를 똑같이 몇 배로 늘리거나 똑같이 몇으로 나눈 수만큼 물건을 올려놓아도 저울은 기울어지지 않습니다.

첫 번째 그림에서 다음을 알 수 있습니다.

5개 = 🧽 3개

→ (5×3)개 = 🧽 (3×3)개

→ 15개 = 🧽 9개

두 번째 그림에서 다음을 알 수 있습니다.

✂️ 2개 = 6개

→ ✂️ (2÷2)개 = (6÷2)개

→ ✂️ 1개 = 3개

→ ✂️ 5개 = 15(5×3)개 = 🧽 9개

따라서 **?** 에 가위 5개를 놓아야 저울이 기울어지지 않습니다.

교과에선 이런 문제를 다루어요 ▶ 86쪽

01 23

02 22…1, 24, 160…5, 118

03

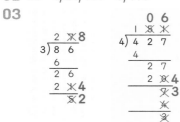

04

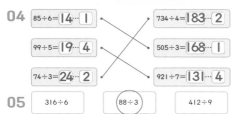

85÷6=[14]…[1] → 734÷4=[183]…[2]

99÷5=[19]…[4] → 505÷3=[168]…[1]

74÷3=[24]…[2] → 921÷7=[131]…[4]

05 [316÷6] (88÷3) [412÷9]

06 38, 1

07 43

Quiz Quiz ▶ 88쪽

1층에서 9층까지 오르는 것은 층을 8번 오르는 것이고, 1층에서 3층까지 오르는 것은 층을 2번 오르는 것입니다. 나누기 4를 해서 3층까지 오르는 데 걸리는 시간을 구할 수 있습니다.
120÷4=30(초)

PART 3. 분수

20A ▶ 90쪽

01 $\frac{1}{3}$ **02** $\frac{1}{4}$

03 $\frac{2}{3}$ **04** $\frac{4}{5}$

05 $\frac{5}{7}$

06 $\frac{4}{9}$

▶ 91쪽

01 6, 2, $\frac{2}{6}$

02 9, 5, $\frac{5}{9}$ **03** 8, 3, $\frac{3}{8}$

04 3, 2, $\frac{2}{3}$ **05** 8, 7, $\frac{7}{8}$

06 9, 5, $\frac{5}{9}$ **07** 7, 5, $\frac{5}{7}$

20B ▶ 92쪽

01 9, $\frac{4}{9}$

02 3, $\frac{2}{3}$; 4, $\frac{2}{4}$

03 6, $\frac{5}{6}$; 5, $\frac{3}{5}$

▶ 93쪽

01 4, $\frac{3}{4}$; 6, $\frac{2}{6}$

02 8, $\frac{5}{8}$; 2, $\frac{1}{2}$

03 4, $\frac{3}{4}$; 5, $\frac{2}{5}$

04 4, $\frac{2}{4}$; 7, $\frac{4}{7}$

21A ▶ 94쪽

01 4, 4

02 2, 2

03 7, 7

04 4, 4

05 3, 3

▶ 95쪽

01 4, 4

02 3, 3

03 6, 6

04 2, 2

05 5, 5

06 3, 3

07 9, 9

08 5, 5

09 3, 3

21B ▶ 96쪽

01 7
02 5   **03** 5
04 9   **05** 7
06 3   **07** 3
08 6   **09** 4

▶ 97쪽

01 5   **02** 7
03 3   **04** 8
05 9   **06** 3
07 7   **08** 2
09 4   **10** 9
11 5   **12** 3

13 8   **14** 5
15 7   **16** 6

22A ▶ 98쪽

01 5, 10   **02** 4, 12
03 2, 8   **04** 4, 16

▶ 99쪽

01 6, 24
02 9, 45   **03** 3, 21
04 4, 16   **05** 5, 25
06 8, 16   **07** 4, 8
08 5, 20   **09** 9, 27

22B ▶ 100쪽

01 4
02 15   **03** 6
04 8   **05** 12
06 14   **07** 10
08 9   **09** 9

▶ 101쪽

01 20   **02** 12
03 18   **04** 16
05 16   **06** 54
07 36   **08** 21
09 15   **10** 12
11 32   **12** 21
13 8   **14** 14

23A ▶ 102쪽

01 5, 35   **02** 6, 36
03 $\frac{4}{8}$, 8, 8, 64   **04** $\frac{3}{5}$, 5, 4, 20

▶ 103쪽

01 3, 27   **02** 8, 56
03 5, 40   **04** 7, 21
05 6, 24   **06** 4, 36
07 6, 42   **08** 9, 81

23B ▶ 104쪽

01 42   **02** 40
03 20   **04** 15
05 48   **06** 28
07 35   **08** 56
09 63   **10** 27

07 196   08 179   09 144
10 135   11 147   12 234

15B　　　　　　　　　　　▶ 70쪽

01 59   02 109   03 106

▶ 71쪽

01 93   02 105   03 130   04 207
05 53   06 304   07 32   08 107
09 320   10 203   11 78   12 79

16A　　　　　　　　　　　▶ 72쪽

01	02	03	04
161…3	154…2	127…1	135…4
05	06	07	08
81…7	106…1	205…1	29…2

▶ 73쪽

01	02	03	04
198…2	129…1	139…3	213…1
05	06	07	08
107…1	49…2	104…1	260…2
09	10	11	12
43…1	103…1	72…2	57…3

16B　　　　　　　　　　　▶ 74쪽

01 160…4   02 208…1
03 246…1   04 152…3   05 165…1
06 144…3   07 117…2   08 159…4

▶ 75쪽

01 96…1   02 190…4   03 209…2
04 142…2   05 126…6   06 267…2
07 124…3   08 188…2   09 152…1

17A　　　　　　　　　　　▶ 76쪽

01	02	03	04
247	138	142…3	131…5
05	06	07	08
162	81…6	237…1	173…4
09	10	11	12
74	128…5	115	305…2
13	14	15	16
168…2	307…2	71…2	65…5

▶ 77쪽

01 127…2   02 180…1
03 73…1   04 154   05 155…2
06 123…3   07 95…2   08 187…1
09 198   10 274…1   11 148…1

17B　　　　　　　　　　　▶ 78쪽

01	02	03	04
207	89…1	256…1	121…7
05	06	07	08
118…1	273	73…3	75…2
09	10	11	12
62	86…5	80…4	240…2
13	14	15	16
83…5	124…4	105	170…3

▶ 79쪽

01 　129…1　133　204…2　52…5
02 　165…3　137…4　170…2　193…1
03 　168…2　90…3　95…6　138…5

18A　　　　　　　　　　　▶ 80쪽

01 2×33＝66
　　66＋1＝67
02 19…1
　　3×19＝57
　　57＋1＝58
03 12…2
　　6×12＝72
　　72＋2＝74
04 18…1
　　5×18＝90
　　90＋1＝91

▶ 81쪽

01 24…2, 4×24＝96, 96＋2＝98
02 12…5, 6×12＝72, 72＋5＝77
03 11…3, 4×11＝44, 44＋3＝47
04 11…7, 8×11＝88, 88＋7＝95
05 20…1, 4×20＝80, 80＋1＝81
06 12…2, 5×12＝60, 60＋2＝62
07 22…1, 4×22＝88, 88＋1＝89
08 13…3, 6×13＝78, 78＋3＝81
09 27…1, 2×27＝54, 54＋1＝55
10 17…2, 3×17＝51, 51＋2＝53

18B　　　　　　　　　　　▶ 82쪽

01 73…5
　　6×73＝438
　　438＋5＝443
02 184…2
　　3×184＝552
　　552＋2＝554
03 223…1
　　3×223＝669
　　669＋1＝670
04 168…1
　　5×168＝840
　　840＋1＝841
05 103…3
　　7×103＝721
　　721＋3＝724
06 149…2
　　4×149＝596
　　596＋2＝598

▶ 83쪽

01 17…2, 9×17＝153, 153＋2＝155
02 87…1, 7×87＝609, 609＋1＝610
03 221…3, 4×221＝884, 884＋3＝887
04 91…3, 5×91＝455, 455＋3＝458
05 78…1, 6×78＝468, 468＋1＝469
06 185…1, 4×185＝740, 740＋1＝741
07 157…3, 6×157＝942, 942＋3＝945
08 132…3, 5×132＝660, 660＋3＝663
09 163…1, 2×163＝326, 326＋1＝327
10 124…7, 8×124＝992, 992＋7＝999

19A　　　　　　　　　　　▶ 84쪽

01
02
03
04 103　517÷5＝103…2　645÷5　129　864÷7　123…3
05 974÷6　162…2　808÷7　115…3　688÷4　172

▶ 85쪽

01 14…1   02 14…2   03 21
04 21…1   05 39   06 13…4
07 268…1   08 224…1
09 166…2   10 137…3
11 194…3   12 86…1
13 180…2   14 120…4
15 393…1   16 171…3